五南出版

固態電子習題解析

李雅明 著

五南圖書出版公司 印行

序言

　　讀過理工科的人都知道，習題是一門課程的精華。沒有做過習題，或者不會做習題的人等於沒有念過這門課。做習題是對於學習成果的檢驗，其重要性是顯而易見的。

　　固態電子學是電子科學的一門基本課程。對於電機系、電子系、物理系和材料系的學生來說都是很重要的。本書將拙作《固態電子學》（五南圖書股份有限公司出版），當中的習題逐步詳細解出並做說明，這本書可以與《固態電子學》一書一起使用，也可以單獨使用。希望能對有志學習電子科學的學子們有所幫助。

　　本書之得以完成，要感謝五南圖書公司同仁們的支持，特別是王者香主編和林亭君編輯的辛勞和協助，筆者在此表示最深的謝意。最後，我要感謝父母親的栽培和內子的鼓勵，沒有他們的支持，本書是不可能完成的。

　　雖然筆者已經盡可能的再三檢查原稿，但是失誤之處仍然難以完全避免，還請閱讀本書的讀者不吝予以指正。

李雅明

中華民國 104 年 11 月

於國立清華大學電機工程系

目　錄

第一章　導論

1. 試證明 (a) 面心立方晶格的基本單胞，其體積爲普通單胞的 1/4，(b) 體心立方晶格的基本單胞，其體積爲普通單胞的 1/2。

答：(a) 面心立方晶格基本單胞的基本向量 $\vec{a}_1$、$\vec{a}_2$ 和 $\vec{a}_3$，分別是

$$\vec{a}_1 = \frac{a}{2}(\vec{j}+\vec{k})$$

$$\vec{a}_2 = \frac{a}{2}(\vec{i}+\vec{k})$$

$$\vec{a}_3 = \frac{a}{2}(\vec{i}+\vec{j})$$

基本單胞的體積是 $V = |\vec{a}_1 \cdot \vec{a}_2 \times \vec{a}_3| = \dfrac{a^3}{4}$

(b) 體心立方晶格基本單胞的基本向量 $\vec{a}_1$、$\vec{a}_2$、$\vec{a}_3$ 分別是

$$\vec{a}_1 = \frac{a}{2}(-\vec{i}+\vec{j}+\vec{k})$$

$$\vec{a}_2 = \frac{a}{2}(\vec{i}-\vec{j}+\vec{k})$$

$$\vec{a}_3 = \frac{a}{2}(\vec{i}+\vec{j}-\vec{k})$$

基本單胞的體積是 $V = |\vec{a}_1 \cdot \vec{a}_2 \times \vec{a}_3| = \dfrac{a^3}{2}$

2. 如果讓原子緊密靠接，試求 (a) 簡單立方、(b) 體心立方、(c) 面心立方晶格原子占據的空間比例。

答：(a) 簡單立方

如果令 a = 普通單胞的邊長，r = 原子的半徑，緊密靠接時，a = 2r。而每個普通單胞平均有一個原子，故所占體積之比例為：

$$\frac{\frac{4}{3}\pi\left(\frac{a}{2}\right)^3}{a^3} = \frac{4}{3}\pi \cdot \frac{1}{8} = \frac{\pi}{6} = 0.5236$$

(b) 體心立方

緊密靠接時 $\sqrt{\left(\frac{a}{2}\right)^2 + \left(\frac{a}{2}\right)^2 + \left(\frac{a}{2}\right)^2} = 2r \qquad \therefore r = \frac{\sqrt{3}a}{4}$

每個體心立方的普通單胞平均包含二個原子，所以原子所占的體積比例為：

$$\frac{2 \times \frac{4}{3}\pi\left(\frac{\sqrt{3}a}{4}\right)^3}{a^3} = \frac{8\pi}{3}\left(\frac{\sqrt{3}}{4}\right)^3 = \frac{\sqrt{3}\pi}{8} = 0.6802$$

(c) 面心立方

緊密靠接時，$\sqrt{\left(\frac{a}{2}\right)^2 + \left(\frac{a}{2}\right)^2} = 2r \qquad \therefore r = \frac{a}{2\sqrt{2}}$

每個面心立方的普通單胞平均包含四個原子，所以原子所占的體積比例為：

$$\frac{4 \times \frac{4}{3}\pi\left(\frac{a}{2\sqrt{2}}\right)^3}{a^3} = \frac{\sqrt{2}\pi}{6} = 0.7404$$

---

3. 金剛石是共價鍵晶體，共價鍵之間的夾角等於立方體體對角線之間的夾角。試求其夾角的大小。

答：

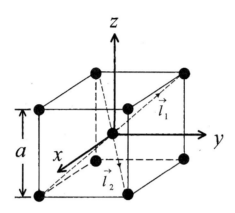

以立方體的中心為原點，則

向量 $\vec{l}_1 = \dfrac{a}{2}(-\vec{i}+\vec{j}+\vec{k})$

向量 $\vec{l}_2 = \dfrac{a}{2}(\vec{i}+\vec{j}-\vec{k})$

因為

$\vec{l}_1 \cdot \vec{l}_2 = |\vec{l}_1||\vec{l}_2|\cos\theta$，故

$\dfrac{a^2}{4}(-1+1-1) = \dfrac{a^2}{4}(\sqrt{3}\cdot\sqrt{3})\cos\theta$

$\cos\theta = \dfrac{-1}{3}$

$\theta = \cos^{-1}\dfrac{-1}{3} = 109.47° = 109°28'$

4. 假設兩原子間相互作用的能量可以用下式表示

$U(r) = -\dfrac{\alpha}{r^m} + \dfrac{\beta}{r^n}$

第一項代表引力能量，第二項代表排斥能量，α、β 均為實數。試證明，要使這兩個原子的系統處於平衡狀態，必須 $n > m$

答：要處於平衡狀態，能量在平衡距離 $r = r_0$ 處應有極小值即

$$\left(\frac{dU}{dr}\right)_{r=r_0} = 0 \ , \ \left(\frac{d^2U}{dr^2}\right)_{r=r_0} > 0$$

故　$\left(\frac{dU}{dr}\right)_{r=r_0} = m\frac{\alpha}{r_0^{m+1}} - n\frac{\beta}{r_0^{n+1}} = 0$，故 $r_0 = \left(\frac{n\beta}{m\alpha}\right)^{\frac{1}{n-m}}$　(1)

另外　$\left(\frac{d^2U}{dr^2}\right)_{r=r_0} = \frac{-m(m+1)\alpha}{r_0^{m+2}} + \frac{n(n+1)\beta}{r_0^{n+2}} > 0$

即　$r_0^{m-n} \cdot \frac{n(n+1)\beta}{m(m+1)\alpha} > 1$　(2)

把 (1) 式代入，　$\frac{n(n+1)\beta}{m(m+1)\alpha} \times \left(\frac{n\beta}{m\alpha}\right)^{-1} > 1$

$$\frac{n+1}{m+1} > 1$$

即 $n > m$

故得證

5.　一個在金屬中的電子，具有 3eV 的動能，其相應的電子波波長是多少？

答：$\lambda = \dfrac{h}{p} = \dfrac{h}{\sqrt{2mE}}$

請注意，在《固態電子學》一書中，我們以正寫的 E 代表電場，以斜寫的 E 代表能量。在習題中，兩者同時出現的情形不多，因此並沒有做這種區分。

$$\lambda = \frac{6.626 \times 10^{-34} J \cdot s}{(2 \times 9.1 \times 10^{-31} kg \times 3 \times 1.6 \times 10^{-19} J)^{1/2}}$$

$$= 7.089 \times 10^{-10} m = 0.709 nm$$

單位之轉化為 $\quad \dfrac{J \cdot s}{(kg \cdot J)^{1/2}} = \dfrac{J^{1/2} \cdot s}{kg^{1/2}} = \dfrac{kg^{1/2} \cdot \dfrac{m}{s} \cdot s}{kg^{1/2}} = m$

---

6. 如果電子波的波長為 500nm，其能量為多少？

答：$\lambda = \dfrac{h}{p}$

$$E = \frac{p^2}{2m} = \frac{1}{2m}\left(\frac{h}{\lambda}\right)^2 = \frac{1}{2 \times 9.1 \times 10^{-31} kg}\left(\frac{6.626 \times 10^{-34} J \cdot s}{500 \times 10^{-9} m}\right)^2$$

$$= 9.65 \times 10^{-25} J$$

單位之轉化為 $\quad \dfrac{J^2 \cdot s^2}{kg \cdot m^2} = J$

---

7. 一個具有 $\dfrac{1}{2}kT$ 能量的中子，在室溫時（300K），其相應的波長為多少？

答：中子之質量 $= 1 AMU = 1.67 \times 10^{-27} kg$

$$\lambda = \frac{h}{p} = \frac{h}{\sqrt{2mE}} = \frac{h}{\sqrt{2m \cdot \frac{1}{2}kT}} = \frac{h}{\sqrt{mkT}}$$

$$= \frac{6.626 \times 10^{-34} J \cdot s}{(1.67 \times 10^{-27} kg \times 1.38 \times 10^{-23} J/K \times 300K)^{1/2}}$$

$$= 2.52 \times 10^{-10} \text{m}$$

單位之轉化 $\dfrac{\text{J} \cdot \text{s}}{(\text{kg} \cdot \dfrac{\text{J}}{\text{K}} \cdot \text{K})^{1/2}} = \dfrac{\text{J} \cdot \text{s}}{\text{kg}^{1/2} \cdot \text{J}^{1/2}} = \dfrac{\text{J}^{1/2} \cdot \text{s}}{\text{kg}^{1/2}} = \text{m}$

---

8. 波長爲 500nm，波列長度爲 50m 的一束光波，利用測不準原理，試估計其波長的不確定程度。

答：由　$p = \dfrac{h}{\lambda}$

及　$\Delta p \cdot \Delta x \cong h$

$|\Delta p| = \dfrac{h}{\lambda^2} \Delta \lambda$　故 $\Delta \lambda = \dfrac{\lambda^2}{h} |\Delta p| = \dfrac{\lambda^2}{h} \cdot \dfrac{h}{\Delta x} = \dfrac{\lambda^2}{\Delta x}$

$\Delta \lambda = \dfrac{(500 \times 10^{-9} \text{m})^2}{50 \text{m}} = 5 \times 10^{-15} \text{m} = 5 \times 10^{-6} \text{nm}$

---

9. 如果一個振動波的位移可以由下式表示：

$y = 15 \exp[i(10^6 \pi x + 10^{13} \pi t)]$ （以 m 爲單位）

試求其 (a) 振幅、(b) 波長、(c) 相速、(d) 頻率。

答：位移 $= y = 15 \exp[i(10^6 \pi x + 10^{13} \pi t)]$

(a) 振幅 $= 15$m

(b) 波爲 $e^{i(kx + \omega t)}$ 形式，$k\lambda = 2\pi$　$\therefore 10^6 \pi \lambda = 2\pi$

　　$\lambda = 2 \times 10^{-6}$(m)

(c) 相速 $v_p = \dfrac{\omega}{k} = \dfrac{10^{13}\pi}{10^6\pi} = 10^7\left(\dfrac{m}{s}\right)$

(d) $\omega = 2\pi f = 10^{13}\pi$ $\quad\quad \therefore$ 頻率 $f = 5 \times 10^{12}\ \sec^{-1}$

第二章　薛丁格方程式

1. 如果粒子封閉在一個不可穿透的壁障所圍成的一個方箱中，方箱在 x、y、z 三個方向的長度分別是 a、b 和 c。試求粒子波的波函數和可能的能量值。能位的簡併情況如何？

答：勢能可以寫成爲 $V(x, y, z) = V(x) + V(y) + V(z)$

$V(x) = V(y) = V(z) = 0$，$0 < x < a$，$0 < y < b$，$0 < z < c$

$= \infty$，在上述區域之外時

薛丁格方程式 $\nabla^2 \psi(\vec{r}) + \dfrac{2m}{\hbar^2}[E - V(\vec{r})]\psi(\vec{r}) = 0$　可以分解成三個一維的方程式

$$\frac{d^2\psi(x)}{dx^2} + \frac{2m}{\hbar^2}[E_i - V_i(x)]\psi(x) = 0，i = 1, 2, 3$$

$$\psi(\vec{r}) = \psi_1(x)\psi_2(y)\psi_3(z)，E_1 + E_2 + E_3 = E$$

其解爲

$$\psi_1(x) = A\sin k_1 x + B\cos k_1 x，0 < x < a$$

$$\psi_2(y) = C\sin k_2 y + D\cos k_2 y，0 < y < b$$

$$\psi_3(y) = E\sin k_3 z + F\cos k_3 z，0 < z < c$$

$$k_1 = \frac{\sqrt{2mE_1}}{\hbar}，k_2 = \frac{\sqrt{2mE_2}}{\hbar}，k_3 = \frac{\sqrt{2mE_3}}{\hbar}$$

$$k_1^2 + k_2^2 + k_3^2 = \frac{2mE}{\hbar^2}$$

由於在壁障 $\psi(\vec{r}) = 0$，歸一化後的波函數可以寫咸

$$\psi_{n_1 n_2 n_3}(x, y, z) = \sqrt{\frac{8}{abc}} \sin\left(\frac{n_1 \pi x}{a}\right) \sin\left(\frac{n_2 \pi y}{b}\right) \sin\left(\frac{n_3 \pi z}{c}\right)$$

粒子的能量爲

$$E_{n_1 n_2 n_3} = \frac{\pi^2 \hbar^2}{2m}\left(\frac{n_1^2}{a^2} + \frac{n_2^2}{b^2} + \frac{n_3^2}{c^2}\right)$$

2. 考慮一個一維的能量井，在 $0 \le x \le L$ 區域中，$V = 0$；在 $x < 0$ 和 $x > L$ 區域中，$V = V_0$。而 $E < V_0$，V_0 爲能井的深度。列出薛丁格方程式，波函數必須符合的條件，以及能量 E 的關係式。

答：

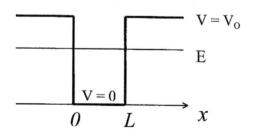

設 $x < 0$ 爲區域 I

$\quad 0 \le x \le L$ 爲區域 II

$\quad x > L$ 爲區域 III

薛丁格方程式

$$-\frac{\hbar^2}{2m}\frac{d^2\psi(x)}{dx^2} + V(x)\psi(x) = E\psi(x) \quad \text{的解分別爲}$$

區域 I：$\quad \psi_1 = A_1 e^{\alpha x} + B_1 e^{-\alpha x}$，$\alpha = \dfrac{[2m(V_0 - E)]^{1/2}}{\hbar}$

區域 II：$\quad \psi_2 = A_2 e^{i\beta x} + B_2 e^{-i\beta x}$，$\beta = \dfrac{(2mE)^{1/2}}{\hbar}$

區域 III：$\quad \psi_3 = A_3 e^{\alpha x} + B_3 e^{-\alpha x}$

在區域 I，$x \rightarrow -\infty$ 時，ψ_1 應爲有限，故 $B_1 = 0$

在區域 III，$x \rightarrow \infty$ 時，ψ_3 應爲有限，故 $A_3 = 0$

因此 $\quad \psi_1(x) = A_1 e^{\alpha x}$

$\qquad \psi_2 = A_2 e^{i\beta x} + B_2 e^{-i\beta x}$

$\qquad \psi_3 = B_3 e^{-\alpha x}$

在 $x = 0$ 及 $x = L$ 之邊界條件爲：

$\qquad \psi_1(0) = \psi_2(0) \qquad\qquad \psi_2(L) = \psi_3(L)$

$\qquad \psi_1'(0) = \psi_2'(0) \qquad\qquad \psi_2'(L) = \psi_3'(L)$

即 $\quad A_1 = A_2 + B_2$

$\qquad A_2 e^{i\beta L} + B_2 e^{-i\beta L} = B_2 e^{-\alpha L}$

$\qquad A_1 \alpha = i(A_2 \beta - B_2 \beta)$

$\quad i\beta(A_2 e^{i\beta L} - B_2 e^{-i\beta L}) = -\alpha B_3 e^{-\alpha L}$

四個係數 A_1、A_2、B_2、B_3 有解的條件爲：

$$\begin{vmatrix} 1 & -1 & -1 & 0 \\ \alpha & -i\beta & i\beta & 0 \\ 0 & e^{i\beta L} & e^{-i\beta L} & -e^{-\alpha L} \\ 0 & i\beta e^{i\beta L} & -i\beta e^{-i\beta L} & \alpha e^{-\alpha L} \end{vmatrix} = 0$$

依第一列展開，得

$$\begin{vmatrix} -i\beta & i\beta & 0 \\ e^{i\beta L} & e^{-i\beta L} & -e^{-\alpha L} \\ i\beta e^{i\beta L} & -i\beta e^{-i\beta L} & \alpha e^{-\alpha L} \end{vmatrix} - \alpha \begin{vmatrix} -1 & -1 & 0 \\ e^{i\beta L} & e^{-i\beta L} & -e^{-\alpha L} \\ i\beta e^{i\beta L} & -i\beta e^{-i\beta L} & \alpha e^{-\alpha L} \end{vmatrix} = 0$$

即 $[-i\beta e^{-i\beta L} \cdot \alpha e^{-\alpha L} - (i\beta)^2 e^{-\alpha L} e^{i\beta L} + (i\beta)^2 e^{-i\beta L} e^{-\alpha L} - i\beta e^{i\beta L} \cdot \alpha e^{-\alpha L}]$

$\quad - \alpha[-e^{-i\beta L} \alpha e^{-\alpha L} + e^{-\alpha L} i\beta e^{i\beta L} + i\beta e^{-i\beta L} e^{-\alpha L} + e^{i\beta L} \alpha e^{-\alpha L}] = 0$

即 $-2i\alpha\beta e^{-\alpha L}(e^{-i\beta L} + e^{i\beta L}) + \beta^2 e^{-\alpha L}(e^{i\beta L} - e^{-i\beta L}) + \alpha^2 e^{-\alpha L}(e^{-i\beta L} - e^{i\beta L})$

$\quad = 0$

因 $e^{-\alpha L} \neq 0$，故

$\quad -2i\alpha\beta(e^{-i\beta L} + e^{i\beta L}) + \beta^2(e^{i\beta L} - e^{-i\beta L}) - \alpha^2(e^{i\beta L} - e^{-i\beta L}) = 0$

即 $-4i\alpha\beta\cos\beta L + 2i(\beta^2 - \alpha^2)\sin\beta L = 0$

$\quad -2\alpha\beta\cos\beta L + (\beta^2 - \alpha^2)\sin\beta L = 0$

$\therefore \quad \tan\beta L = \dfrac{2\alpha\beta}{\beta^2 - \alpha^2}$

將 $\quad \alpha = \dfrac{[2m(V_0 - E)]^{1/2}}{\hbar}$，$\beta = \dfrac{(2mE)^{1/2}}{\hbar}$ 代入

$\quad \tan\left[\dfrac{L}{\hbar}(2mE)^{1/2}\right] = \dfrac{2\sqrt{E(V_0 - E)}}{E - (V_0 - E)} = \dfrac{2[E(V_0 - E)]^{1/2}}{(2E - V_0)}$

---

3. 一個電子被侷限於一個一維的區域當中，其長度為 L，如果電子的基態能量在 300K 時為 kT，試計算 L 的大小。

答：由《固態電子學》（2.29）式，$E_n = \dfrac{n^2\hbar^2\pi^2}{2ma^2} = kT$

因係基態能量，$n = 1$

$\quad E_1 = \dfrac{(1.054 \times 10^{-34}J \cdot s)^2 \times \pi^2}{2 \times 9.1 \times 10^{-31}kg \times L^2} = 0.0258eV$

$$\therefore \quad L^2 = 1.459 \times 10^{-17} m^2$$

$$L = 3.82 \times 10^{-9} m = 3.82 nm$$

---

4. 試計算一個總能量為 E 的粒子，穿過下面所列勢壘的穿透係數和反射係數。

$$V(x) = \begin{cases} 0 \text{，} x < 0 \\ V_0 \text{，} 0 < x < a \\ 0 \text{，} x > a \end{cases}$$

考慮 (a) $E > V_0$ 和 (b) $0 < E < V_0$ 兩種情形。

答：

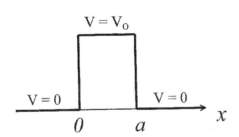

(a) $E > V_0$

薛丁格方程式的解為

$$\psi(x) = \begin{cases} Ae^{\frac{i}{\hbar}px} + Be^{-\frac{i}{\hbar}px} \text{，} x < 0 \\ Ge^{\frac{i}{\hbar}qx} + Fe^{-\frac{i}{\hbar}qx} \text{，} 0 < x < a \\ Ce^{\frac{i}{\hbar}px} + De^{-\frac{i}{\hbar}px} \text{，} x > a \end{cases}$$

其中 $p = (2mE)^{1/2}$，$q = [2m(E - V_0)]^{1/2}$

如果粒子從左邊到達勢壘，則係數為 A、B、C 的項分別代表入射、反射和穿透的波。假設 $x > a$，沒有反向的粒子波，故 $D = 0$。由 $x = 0$ 和 $x = a$ 兩處的連續條件得到：

$$\begin{cases} A + B = G + F \\ p(A - B) = q(G - F) \\ Ge^{\frac{i}{\hbar}qa} + Fe^{-\frac{i}{\hbar}qa} = Ce^{\frac{i}{\hbar}pa} \\ q(Ge^{\frac{i}{\hbar}qa} - Fe^{-\frac{i}{\hbar}qa}) = pCe^{\frac{i}{\hbar}pa} \end{cases}$$

由這四個方程式消去 G 和 F，得

$$\frac{B}{A} = \frac{(p^2 - q^2)(1 - e^{2\frac{i}{\hbar}qa})}{(p+q)^2 - (p-q)^2 e^{2\frac{i}{\hbar}qa}}$$

$$\frac{C}{A} = \frac{4pqe^{\frac{i}{\hbar}(q-p)a}}{(p+q)^2 - (p-q)^2 e^{2\frac{i}{\hbar}qa}}$$

由此得到穿透機率 T 為：

$$T = \left| \frac{C}{A} \right|^2 = \frac{4E(E - V_0)}{V_0^2 \sin^2 \frac{qa}{\hbar} + 4E(E - V_0)} \qquad (1)$$

反射機率 R 為：

$$R = \left| \frac{B}{A} \right|^2 = \frac{V_0 \sin^2 \frac{qa}{\hbar}}{V_0^2 \sin^2 \frac{qa}{\hbar} + 4E(E - V_0)} \qquad (2)$$

故發生反射的機率不為零，如果 $\sin \frac{qa}{\hbar} = 0$，即 $\frac{qa}{\hbar} = n\pi$，n = 1, 2, 3…時，則 R = 0，T = 1，勢壘變為完全透明的。即當

$$a = n\frac{h}{2q} = n\frac{\lambda}{2} \text{ , } n = 1, 2, 3\cdots$$

在勢壘內部形成駐波。粒子可以通過矩形勢壘，這是經典物理中沒有的共振透射現象。

(b) $0 < E < V_0$

在這種情形，依照經典力學粒子必然被反射。依照量子力學 $E < V_0$，q 成爲虛數。

$$q = i[2m(V_0 - E)]^{1/2} = i\frac{\hbar}{2d}$$

其中　　$d = \hbar[8m\,(V_0 - E)]^{-\frac{1}{2}}$

$$\psi(x) = \begin{cases} Ae^{\frac{i}{\hbar}px} + Be^{-\frac{i}{\hbar}px} \text{ , } x < 0 \\ Ge^{-\frac{x}{2d}} + Fe^{\frac{x}{2d}} \quad\text{ , } 0 < x < a \\ Ce^{\frac{i}{\hbar}px} \qquad\qquad \text{ , } x > a \end{cases}$$

把 $q = i\dfrac{\hbar}{2d}$ 代入 (1)、(2) 式

$$T = \frac{4E(V_0 - E)}{V_0^2 \sinh^2\frac{a}{2d} + 4E(V_0 - E)} \quad (3)$$

$$R = \frac{V_0^2 \sinh^2\frac{a}{2d}}{V_0^2 \sinh^2\frac{a}{2d} + 4E(V_0 - E)} \quad (4)$$

因此 $T \neq 0$，故粒子有一定通過勢壘的機率，這一現象稱爲「穿隧效應」。這只有在 $\frac{a}{2d} \sim 1$ 時爲重要。如果 $d \ll a$，則穿隧機率迅速減少。

$$T \cong 16\frac{E(V_0 - E)}{V_0^2}e^{-a/d}$$

在經典力學極限，$\hbar \rightarrow 0$ 時，$d \rightarrow 0$，T 趨近於零，因此穿隧效應爲一純粹量子力學效應。

---

5. 試求波函數 $Axe^{-k^2x^2}$ 的歸一化常數 A 的值。波函數的存在範圍是 $\pm \infty$ 之間。

答：$\int \psi^* \psi d\tau = A^2 \int_{-\infty}^{\infty} x^2 e^{-2k^2x^2} dx = 1$

由於 $\int_{-\infty}^{\infty} x^2 e^{-ax^2} dx = \frac{1}{2a}\sqrt{\frac{\pi}{a}}$

$$A^2 \cdot \frac{1}{2 \cdot 2k^2}\sqrt{\frac{\pi}{2k^2}} = 1$$

$$A^2 = 4k^2 \sqrt{\frac{2k^2}{\pi}} \quad \therefore A = 2k\left(\frac{2k^2}{\pi}\right)^{1/4}$$

---

6. 對於下列的波函數，求平均的動量 p 之值。

$\psi(x, t) = Ae^{i(kx-\omega t)}$，x 的範圍由 0 到 L。

答：

$$<p> = \frac{\int \psi^* \frac{\hbar}{i}\frac{\partial \psi}{\partial x} dx}{\int \psi^* \psi dx} = \frac{|A|^2 \int_0^L e^{-i(kx-\omega t)} \cdot \frac{\hbar}{i}(ik)e^{i(kx-\omega t)} dx}{|A|^2 \int_0^L dx}$$

$$= \frac{|A|^2 \cdot \hbar k \cdot L}{|A|^2 \cdot L} = \hbar k$$

7. 假設一個電子被侷限在一個立方晶體的方形能障之中。晶體的晶格常數 a 爲 5Å。方形能障的三邊長各爲 a、$\dfrac{a}{\sqrt{2}}$、$\dfrac{a}{\sqrt{3}}$，求電子的基態能量。

答：由第一題，得 $E = \dfrac{h^2}{8m}\left(\dfrac{n_1^2}{a^2} + \dfrac{n_2^2}{b^2} + \dfrac{n_3^2}{c^2}\right)$，現在 $b = \dfrac{a}{\sqrt{2}}$、$c = \dfrac{a}{\sqrt{3}}$。

因爲是基態能量故 $n_1 = n_2 = n_3 = 1$

$$E = \dfrac{h^2}{8m}\left(\dfrac{1}{a^2} + \dfrac{2}{a^2} + \dfrac{3}{a^2}\right) = \dfrac{6h^2}{8ma^2} = \dfrac{3h^2}{4ma^2}$$

$$= \dfrac{3 \times (6.626 \times 10^{-34} J \cdot s)^2}{4 \times 9.1 \times 10^{-31} kg \times (5 \times 10^{-10} m)^2}$$

$$= 1.447 \times 10^{-18} J = 9.032 eV$$

單位之轉化　$\dfrac{J^2 \cdot s^2}{kg \cdot m^2} = J$

8. 與時間無關的一維薛丁格方程式，即

$$\dfrac{d^2\psi}{dx^2} + \dfrac{2m}{\hbar^2}[E - V(x)]\psi(x) = 0$$

的解，根據它們在無窮遠處爲零還是只是有限，可以區別是對應於束縛態還是非束縛態。試證明在一維問題中，束縛態的能量總是非簡併的。（提示：先假設其爲簡併，再證明是矛盾的）。

答：先假設相反的結論，再證明是矛盾的。即先假設有 $\psi_1(x)$ 和

$\psi_2(x)$ 兩個線性獨立的本徵函數，具有相同的能量 E，即爲簡併的。由薛丁格方程式

$$\psi_1'' + \frac{2m}{\hbar^2}(E - V)\psi_1 = 0 \text{ 及 } \psi_2'' + \frac{2m}{\hbar^2}(E - V)\psi_2 = 0$$

可得 $\quad \dfrac{\psi_1''}{\psi_1} = \dfrac{\psi_2''}{\psi_2} = \dfrac{2m}{\hbar^2}(V - E)$

即 $\quad \psi_1''\psi_2 - \psi_2''\psi_1 = (\psi_1'\psi_2)' - (\psi_2'\psi_1)' = 0$

積分可得 $\quad \psi_1'\psi_2 - \psi_2'\psi_1 = C_1 = 常數$

由題意可知，束縛態的波函數在無窮遠處爲零。

即 $x \to \infty$，$\psi_1 = \psi_2 = 0$ 故常數 $C_1 = 0$

$$\frac{\psi_1'}{\psi_1} = \frac{\psi_2'}{\psi_2}$$

再積分，可得 $\quad \ln\psi_1 = \ln\psi_2 + \ln C_2$，其中 C_2 爲常數

即 $\quad \psi_1 = C_2\psi_2$

故 ψ_1，ψ_2 兩個函數是線性相關的，此與假設相矛盾，故得證。

第三章 晶體的能帶理論

1. 矽和鍺的晶體都是金剛石結構。矽和鍺的晶格常數分別是 5.43Å 和 5.65Å，求矽和鍺的原子密度。

答：一個金剛石結構為兩個面心立方晶格位移交叉而得。對於一個金剛石結構的普通單胞，有八個角上的原子，每個分屬八個不同的單胞。有六個面心原子，每個分屬二個不同的單胞。金剛石普通單胞之內，則有四個只屬於此一單胞的原子，故每一金剛石單胞平均有 $8 \div 8 + 6 \div 2 + 4 = 8$ 個原子。

對矽而言，原子密度為：$\dfrac{8 \text{ 原子}}{(5.43 \times 10^{-10} \text{m})^3} = 4.996 \times 10^{28}$ 原子 / m^2

對鍺而言，原子密度為：$\dfrac{8 \text{ 原子}}{(5.65 \times 10^{-10} \text{m})^3} = 4.43 \times 10^{28}$ 原子 / m^2

2. 對於簡單立方（sc），體心立方（bcc），和面心立方（fcc）的晶體，試計算原子在填充得最緊密時所占的體積比例。

答：參考本書習題 1-2

其比例為

簡單立方	體心立方	面心立方
$\dfrac{\pi}{6} = 0.52$	$\dfrac{\sqrt{3}}{8}\pi = 0.68$	$\dfrac{\sqrt{2}}{6}\pi = 0.74$

3. 試求正晶格基本單胞的體積 V 與倒晶格基本單胞體積 V* 之間的關係。

答：設正晶格基本矢量為 $\vec{a}_1$，$\vec{a}_2$，$\vec{a}_3$，單胞體積 $V = \vec{a}_1 \cdot \vec{a}_2 \times \vec{a}_3$。

倒晶格基本矢量為 $\vec{b}_1$，$\vec{b}_2$，$\vec{b}_3$

$$\vec{b}_1 = 2\pi \frac{\vec{a}_2 \times \vec{a}_3}{\vec{a}_1 \cdot \vec{a}_2 \times \vec{a}_3} \ , \ \vec{b}_2 = 2\pi \frac{\vec{a}_3 \times \vec{a}_1}{\vec{a}_1 \cdot \vec{a}_2 \times \vec{a}_3} \ , \ \vec{b}_3 = 2\pi \frac{\vec{a}_1 \times \vec{a}_2}{\vec{a}_1 \cdot \vec{a}_2 \times \vec{a}_3}$$

倒晶格基本單胞體積 V* 為

$$V^* = \vec{b}_1 \cdot \vec{b}_2 \times \vec{b}_3$$

$$= (2\pi)^3 \left(\frac{1}{\vec{a}_1 \cdot \vec{a}_2 \times \vec{a}_3} \right)^3 (\vec{a}_2 \times \vec{a}_3) \cdot (\vec{a}_3 \times \vec{a}_1) \times (\vec{a}_1 \times \vec{a}_2)$$

用向量相乘法則　$\vec{A} \times (\vec{B} \times \vec{C}) = (\vec{A} \cdot \vec{C})\vec{B} - (\vec{A} \cdot \vec{B})\vec{C}$

$(\vec{a}_3 \times \vec{a}_1) \times (\vec{a}_1 \times \vec{a}_2) = (\vec{a}_3 \times \vec{a}_1 \cdot \vec{a}_2)\vec{a}_1 - (\vec{a}_3 \times \vec{a}_1 \cdot \vec{a}_1)\vec{a}_2 = V\vec{a}_1$

$$\therefore V^* = (2\pi)^3 \frac{1}{V^3} (\vec{a}_2 \times \vec{a}_3) \cdot V\vec{a}_1 = \frac{(2\pi)^3}{V^2} (\vec{a}_2 \times \vec{a}_3 \cdot \vec{a}_1) = \frac{(2\pi)^3}{V}$$

4. 試證明在立方對稱晶體中，[hkl] 方向與 (hkl) 平面垂直。

答：

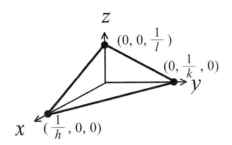

任何一 (hkl) 平面應與 xyz 軸相交，交點分別為 $\frac{1}{h}\vec{i}$，$\frac{1}{k}\vec{j}$，$\frac{1}{l}\vec{k}$。在 xyz 軸上的三個交點，其座標分別為 ($\frac{1}{h}$, 0, 0)，(0, $\frac{1}{k}$, 0)，(0, 0, $\frac{1}{l}$)。連接此三交點的直線，都在 (hkl) 平面上。其直線向量均為由 $\frac{1}{h}\vec{i}$，$\frac{1}{k}\vec{j}$，$\frac{1}{l}\vec{k}$ 三個向量中，兩個向量一正一負所組成。如 $\left(\dfrac{\vec{i}}{h} - \dfrac{\vec{j}}{k}\right)$ 與 $\left(\dfrac{\vec{j}}{k} - \dfrac{\vec{k}}{l}\right)$ 即為連接兩個交點之直線向量，此二直線為 (hkl) 平面上的二個直線。$h\vec{i}+k\vec{j}+l\vec{k}$ 則為 [khl] 方向之直線。

因　$(h\vec{i}+k\vec{j}+l\vec{k}) \cdot \left(\dfrac{\vec{i}}{h} - \dfrac{\vec{j}}{k}\right) = 1 - 1 = 0$

及　$(h\vec{i}+k\vec{j}+l\vec{k}) \cdot \left(\dfrac{\vec{j}}{k} - \dfrac{\vec{k}}{l}\right) = 1 - 1 = 0$

故 $h\vec{i}+k\vec{j}+l\vec{k}$ 與平行於 (hkl) 之平面上二條直線垂直，故 [hkl] 方向與 (hkl) 平面垂直。

此處應用了 $\vec{i}$，$\vec{j}$，$\vec{k}$ 為三個互相垂直的基本矢量的條件，故只有在立方型晶體中才成立。

5. 試討論面心立方晶格的第一布里淵區是由哪些倒晶矢的中間垂直平面所決定？在 [100] 方向，布里淵區的總長為多少？在 [111] 方向，布里淵區的總長又為多少？

答：(a) 面心立方正晶格的基本矢量為 $\vec{a}_1 = \dfrac{a}{2}(\vec{j}+\vec{k})$，$\vec{a}_2 = \dfrac{a}{2}(\vec{k}+\vec{i})$，

$\vec{a}_3 = \dfrac{a}{2}(\vec{i}+\vec{j})$。而倒晶格之基本矢量為 $\vec{b}_1 = \dfrac{2\pi}{a}(-\vec{i}+\vec{j}+\vec{k})$，

$\vec{b}_2 = \dfrac{2\pi}{a}(\vec{i}-\vec{j}+\vec{k})$，$\vec{b}_3 = \dfrac{2\pi}{a}(\vec{i}+\vec{j}-\vec{k})$。倒晶格矢量 $\vec{G}$ 為

$$\vec{G} = m_1\vec{b}_1 + m_2\vec{b}_2 + m_3\vec{b}_3$$

$$= \dfrac{2\pi}{a}[(-m_1+m_2+m_3)\vec{i} + (m_1-m_2+m_3)\vec{j} +$$

$$(m_1+m_2-m_3)\vec{k}]$$

故最短的倒晶格矢量為 $\dfrac{2\pi}{a}(\pm\vec{i}\pm\vec{j}\pm\vec{k})$ 等 8 個矢量。第一布里淵區由此 8 個矢量之中垂面決定。但在 $\vec{i}$，$\vec{j}$，$\vec{k}$ 三個方向，則由 $\dfrac{2\pi}{a}(\pm2\vec{i})$，$\dfrac{2\pi}{a}(\pm2\vec{j})$ 和 $\dfrac{2\pi}{a}(\pm2\vec{k})$ 等 6 個矢量的中垂面決定。

(b) 在 [100] 方向，布里淵區的總長為 $\dfrac{4\pi}{a}$。

(C) 在 [111] 方向，布里淵區的總長為 $\dfrac{2\pi}{a}\sqrt{1^2+1^2+1^2} = \dfrac{2\pi\sqrt{3}}{a}$。

6. 對於面心立方晶體，在 **k** 空間的 k_x 方向，試討論當電子趨向於自由電子狀況時的能帶狀況。

答：$E_k = \dfrac{\hbar^2}{2m} (\vec{k} + \vec{G})^2$

在 k_x 方向　$\vec{k} = x\dfrac{2\pi}{a}\vec{i}$，x 由 0 到 1

$G = m_1\vec{b_1} + m_2\vec{b_2} + m_3\vec{b_3}$

如取 $m_1 = 1$，$m_2 = 0$，$m_3 = 0$　　　$G = \vec{b_1} = \dfrac{2\pi}{a}(-\vec{i} + \vec{j} + \vec{k})$

$E_k = \dfrac{\hbar^2}{2m}(\dfrac{2\pi}{a})^2[x\vec{i} + (-\vec{i} + \vec{j} + \vec{k})]^2$

$\quad = \dfrac{2\pi^2\hbar^2}{ma^2}[(x-1)^2 + 2] = \dfrac{2\pi^2\hbar^2}{ma^2}(x^2 - 2x + 3)$

如取 $m_1 = 1$，$m_2 = 1$，$m_3 = 0$

$G = \vec{b_1} + \vec{b_2} = \dfrac{2\pi}{a}(2\vec{k})$

$\therefore E_k = \dfrac{\hbar^2}{2m}[x \cdot \dfrac{2\pi}{a}\vec{i} + \dfrac{2\pi}{a}(2\vec{k})]^2 = \dfrac{\hbar^2}{2m}\left(\dfrac{2\pi}{a}\right)^2[x^2 + 4]$

其餘能帶結構可依此類推。

---

7. 試計算在矽晶格中，朝著 (111) 晶面，對於光波和電子波而言，各需要多少能量才能造成布拉格繞射。

（提示：(hkl) 面間的距離為 $d = \dfrac{a}{\sqrt{h^2 + k^2 + l^2}}$）

答：對於矽晶格 a = 5.43Å

$d = \dfrac{a}{\sqrt{h^2 + k^2 + l^2}} = \dfrac{a}{\sqrt{1^2 + 1^2 + 1^2}} = \dfrac{a}{\sqrt{3}} = 3.135Å$

布拉格繞射條件　$2d\sin\theta = n\lambda$

故　$2d > \lambda$

其最低能量的條件為 $\lambda = 2d = 6.27\text{Å}$

對於光波

$$E = h\nu = h\frac{c}{\lambda} = \frac{6.626 \times 10^{-34}J \cdot s \times 3 \times 10^8 m/s}{6.27 \times 10^{-10}m} = 3.17 \times 10^{-16}J$$

$$= 1981.4eV$$

對於電子波 $E = \frac{p^2}{2m}$，$p = \frac{h}{\lambda}$

$$E = \frac{1}{2m}\left(\frac{h}{\lambda}\right)^2 = \frac{(6.626 \times 10^{-34}J \cdot s)^2}{2 \times 9.1 \times 10^{-31}kg \times (6.27 \times 10^{-10}m)^2}$$

$$= 6.136 \times 10^{-19}J = 3.83eV$$

---

8. 如果波長為 2Å，對於 (a) 光子、(b) 電子和 (c) 中子而言，其粒子的能量分別是多少？

答：(a) 光子

$$E = \frac{hc}{\lambda} = \frac{6.626 \times 10^{-34}J \cdot s \times 3 \times 10^8 m/s}{2 \times 10^{-10}m} = 9.939 \times 10^{-16}J$$

$$= 6211eV$$

(b) 電子

$$E = \frac{1}{2m}\left(\frac{h}{\lambda}\right)^2 = \frac{1}{2 \times 9.1 \times 10^{-31}kg}\left(\frac{6.626 \times 10^{-34}J \cdot s}{2 \times 10^{-10}m}\right)^2$$

$$= 6.03 \times 10^{-18}J = 37.7eV$$

(C) 中子

$$E = \frac{1}{2m}\left(\frac{h}{\lambda}\right)^2 = \frac{1}{2 \times 1.66 \times 10^{-27}kg}\left(\frac{6.626 \times 10^{-34}J \cdot s}{2 \times 10^{-10}m}\right)^2$$

$$= 3.30 \times 10^{-21}J = 0.0206eV$$

9. 考慮一個簡單立方晶體，其晶格常數為 3.5Å，如果用波長為 3.1Å 的 X 光來做繞射，試求合於布拉格繞射條件的各平面，和可能的入射角度 θ。

答：$2d\sin\theta = n\lambda$

$$d = \frac{a}{\sqrt{h^2 + k^2 + l^2}}$$

$$\therefore \sin\theta = \frac{n\lambda}{2d} = \frac{n\lambda}{2a}\sqrt{h^2 + k^2 + l^2} = \frac{3.1\text{Å}}{2\times 3.5\text{Å}}\,n\sqrt{h^2 + k^2 + l^2}$$

$$= 0.4428n\sqrt{h^2 + k^2 + l^2}$$

合於條件的各平面及入射角 θ 如下：

(hkl)	n	$0.4428n\sqrt{h^2 + k^2 + l^2}$	θ
100	1	0.443	26.29°
	2	0.886	62.37°
110	1	0.626	38.75°
111	1	0.767	50.08°
210	1	0.990	81.89°

10. 試比較電子能量 E 在 (a)$E - E_F = 3kT$，及 (b)$E - E_F = kT$ 時，費米分布函數與波耳茲曼分布函數的差異。

答：Fermi-Dirac 分布

$$F(E) = \frac{1}{e^{(E - E_F)/kT} + 1}$$

(a) 在 $E - E_F = 3kT$

$$F(E) = \frac{1}{e^3 + 1} = \frac{1}{20.08 + 1} = 0.0474$$

(b) 在 $E - E_F = kT$

$$F(E) = \frac{1}{e^1 + 1} = \frac{1}{2.718 + 1} = 0.269$$

Boltzmann 分布

$$F(E) = e^{-(E - E_F)/kT}$$

(a) 在 $E - E_F = 3kT$

$$F(E) = e^{-3} = 0.0497$$

(b) 在 $E - E_F = kT$

$$F(E) = e^{-1} = 0.368$$

---

11. 使用自由電子模型，試求一個金屬費米面上電子的速度，假設 $E_F = 5eV$。

答：$V_F = \left(\frac{2E_F}{m}\right)^{1/2} = \left(\frac{2 \times 5 \times 1.6 \times 10^{-19}J}{9.1 \times 10^{-31}kg}\right)^{1/2} = 1.326 \times 10^6 m/s$

---

12. 在什麼溫度時，一個 $E_F = 5eV$ 的金屬，其電子具有超過 E_F 能量達 3% 的或然率可以達到 10%？

答：超過 E_F 能量達 3%，即 $E - E_F = 0.03E_F$

故 $F(E) = \dfrac{1}{e^{(E - E_F)/kT} + 1} = \dfrac{1}{e^{0.03E_F/kT} + 1} = 0.1$

$1 + e^{0.03E_F/kT} = 10$

$0.03E_F/kT = 2.197$

$T = \dfrac{0.03 \times 5 \times 1.6 \times 10^{-19} J}{2.197 \times 1.38 \times 10^{-23} J/K} = 792K$

---

13. 假設自由電子模型，試計算能量低於 4eV，體積為 $10^6 m^3$ 中所有電子的數目。

答：$N = \dfrac{V}{3\pi^2}\left(\dfrac{2mE}{\hbar^2}\right)^{3/2}$

$V = 10^{-6} m^3$，$E = 4eV$

$N = \dfrac{10^{-6} m^3}{3\pi^2}\left[\dfrac{2 \times 9.1 \times 10^{-31} kg \times 4 \times 1.6 \times 10^{-19} J}{(1.054 \times 10^{-34} J \cdot s)^2}\right]^{3/2}$

$= 3.63 \times 10^{22}$（原子數）

單位之轉化為　$m^3\left(\dfrac{kg \cdot J}{J^2 \cdot s^2}\right)^{3/2} = m^3\left(\dfrac{kg}{kg \cdot \dfrac{m^2}{s^2} \cdot s^2}\right)^{3/2}$

$= $ 無單位數字

---

14. 在自由電子模型中，如 $m^* = 0.1m_0$，m_0 為電子質量，則 $E = E(k)$ 的關係如何？

答：因 $m^* = \hbar^2 \left(\dfrac{d^2E}{dk^2} \right)^{-1}$

$$m^* = 0.1m_0 = \hbar^2 \left(\dfrac{d^2E}{dk^2} \right)^{-1}$$

$$\dfrac{d^2E}{dk^2} = \hbar^2 \cdot \dfrac{1}{0.1m_0} = 10\dfrac{\hbar^2}{m_0}$$

積分一次得：$\dfrac{dE}{dk} = 10\dfrac{\hbar^2 k}{m_0}$，因自由電子速度在 $k = 0$ 為 0，積

分常數為零。再積分得：$E = \dfrac{10\hbar^2}{m_0}\dfrac{k^2}{2} = \dfrac{5\hbar^2 k^2}{m_0}$

因為是自由電子，$k = 0$ 時 $E = 0$，故積分常數亦為零。

---

15. 對於一個三維的自由電子氣，試證明其平均動能為 $\dfrac{3}{5}NE_F$，其中 N 為自由電子的數目，E_F 為費米能量。

答：總能量 $E = \displaystyle\int_0^{E_F} ED(E)dE = \dfrac{V}{2\pi^2}\left(\dfrac{2m}{\hbar^2}\right)^{3/2}\int_0^{E_F} E^{3/2}dE$

$$= \dfrac{V}{2\pi^2}\left(\dfrac{2m}{\hbar^2}\right)^{3/2}\dfrac{2}{5}E_F^{5/2}$$

因 $\quad N = \dfrac{V}{3\pi^2}\left(\dfrac{2mE_F}{\hbar^2}\right)^{3/2}$

$\therefore E = \dfrac{V}{3\pi^2}\left(\dfrac{2mE_F}{\hbar^2}\right)^{3/2}\dfrac{3}{2} \cdot \dfrac{2}{5}E_F = \dfrac{3}{5}NE_F$

16. 金的電子密度為 $5.90 \times 10^{28}/m^3$，假設其有效電子質量 m^* 等於 m_0，試求其費米能量。

答：$E_F = \dfrac{\hbar^2}{2m}\left(\dfrac{3\pi^2 N}{V}\right)^{2/3}$

$= \dfrac{(1.054 \times 10^{-34} J \cdot s)^2}{2 \times 9.1 \times 10^{-31} kg}(3\pi^2 \times 5.90 \times 10^{28}/m^3)^{2/3}$

$= 8.85 \times 10^{-19} J = 5.53 eV$

17. 銀的原子量為 107.87 克，密度為 $10.5 g/cm^3$，(a) 試求其費米能量、(b) 每個電子的平均動能。

答：(a) 銀的原子量為 107.87 克，密度為 $10.5 g/cm^3$

克分子體積 $= \dfrac{107.87g}{10.5g/cm^3} = 10.27 cm^3$

原子密度 $n = \dfrac{N}{V} = \dfrac{6.023 \times 10^{23}原子}{10.27 cm^3} = 5.86 \times 10^{22} atoms/cm^3$

$= 5.86 \times 10^{28} atoms/m^3$

$E_F = \dfrac{\hbar^2}{2m}\left(3\pi^2 \dfrac{N}{V}\right)^{2/3}$

$= \dfrac{(1.054 \times 10^{-34} J \cdot s)^2}{2 \times 9.1 \times 10^{-31} kg}(3\pi^2 \times 5.86 \times 10^{28} atoms/m^3)^{2/3}$

$= 8.81 \times 10^{-19} J = 5.506 eV$

(b) 平均動能 $= \dfrac{3}{5} E_F = \dfrac{3}{5} \times 5.506 eV = 3.303 eV$

18. 對於一個二維的金屬，以自由電子理論，計算 (a) 0K 時的費米能位 E_F、(b) 能位密度 $D(E)$、(c) 0K 時每個電子的平均動能。

答：(a) 二維金屬，長度為 L

$$2 \cdot \frac{\pi k_F^2}{\left(\frac{2\pi}{L}\right)^2} = N$$

$$k_F^2 = \frac{\left(\frac{2\pi}{L}\right)^2 \cdot N}{2\pi} = \frac{2\pi N}{L^2} = 2\pi \frac{N}{V}，因二維時 V = L^2$$

$$E_F = \frac{\hbar^2 k_F^2}{2m} = \frac{\hbar^2}{2m} \cdot \frac{2\pi N}{V} = \frac{\pi \hbar^2 N}{mV} = \frac{\pi \hbar^2 n}{m} \quad (1)$$

其中 $n = \frac{N}{V}$

(b) 每單位體積的能位密度 $D = \frac{dn}{dE}$

由 (1) 式 $\frac{dn}{dE} = \frac{m}{\pi \hbar^2}$

(c) 動能 $K.E. = \int_0^{E_F} D(E) E dE = \frac{mV}{\pi \hbar^2} \int_0^{E_F} E dE$

$$= \frac{mV}{\pi \hbar^2} \frac{E_F^2}{2} = \frac{m E_F^2 V}{2\pi \hbar^2}$$

由 (1) 式 $E_F = \frac{\pi \hbar^2 N}{mV}$

故 $K.E. = \frac{mV}{\pi \hbar^2} \cdot \left(\frac{\pi \hbar^2 N}{mV}\right) \cdot \frac{E_F}{2} = N \cdot \frac{E_F}{2}$

$$每個電子的平均動能 = \frac{K.E.}{N} = \frac{E_F}{2}$$

---

19. 對於一個一維的金屬，以自由電子理論，計算 (a) 0K 時的費米能位 E_F、(b) 能位密度 $D(E)$、(c) 0K 時每個電子的平均動能。

答：(a) $2 \cdot \dfrac{k_F}{\left(\dfrac{2\pi}{L}\right)} = N$ $\qquad k_F = \dfrac{N\pi}{L} = \pi n$

$$E_F = \frac{\hbar^2 k_F^2}{2m} = \frac{\hbar^2}{2m}(\pi n)^2 = \frac{n^2 \pi^2 \hbar^2}{2m}$$

(b) $n^2 = \dfrac{2mE}{\pi^2 \hbar^2}$

$$n = \left(\frac{2mE}{\pi^2\hbar^2}\right)^{1/2} \ , \ \frac{dn}{dE} = \frac{(2m)^{1/2}}{\pi\hbar}\frac{1}{2}E^{-1/2} = \frac{(2m)^{1/2}}{2\pi\hbar E^{1/2}}$$

(c) 一維情況　$V = L$

$$K.E. = \int_0^{E_F} ED(E)dE = \int_0^{E_F} E \cdot \frac{(2m)^{1/2}V}{2\pi\hbar}E^{-1/2}dE$$

$$= \frac{(2m)^{1/2}V}{2\pi\hbar}\int_0^{E_F}E^{1/2}\,dE = \frac{(2m)^{1/2}V}{2\pi\hbar}\frac{2}{3}E_F^{3/2}$$

因　$E_F = \dfrac{\pi^2\hbar^2}{2m}n^2 = \dfrac{\pi^2\hbar^2}{2m}\left(\dfrac{N}{V}\right)^2$

$$K.E. = \frac{(2m)^{1/2}V}{2\pi\hbar} \cdot \frac{2}{3}\left(\frac{\pi^2\hbar^2}{2m}\right)^{3/2}\left(\frac{N}{V}\right)^3$$

$$= \frac{V}{3\pi\hbar}\frac{\pi^2\hbar^3}{(2m)}\left(\frac{N}{V}\right)^3 = \frac{V\pi^2\hbar^2}{6m}\left(\frac{N}{V}\right)^3$$

$$\frac{K.E.}{N} = \frac{\pi^2 \hbar^2}{6m}\left(\frac{N}{V}\right)^2 = \frac{E_F}{3}$$

20. 計算在費米能量之上 2kT 處和費米能量之下 2kT 處的電子能位，有電子占據或然率的比例。

答：$F(E) = \dfrac{1}{e^{(E-E_F)/kT} + 1}$

E_F 之上 2kT　即 $E_1 - E_F = 2kT$，

E_F 之下 2kT　即 $E_2 - E_F = -2kT$

故　$F_1(E_1) = \dfrac{1}{e^2 + 1}$, $F_2(E_2) = \dfrac{1}{e^{-2} + 1}$

其比例為　$\dfrac{F_1(E_1)}{F_2(E_2)} = \dfrac{\dfrac{1}{e^2+1}}{\dfrac{1}{e^{-2}+1}} = \dfrac{e^{-2}+1}{e^2+1} = 0.135$

第四章 晶格振動

> **1.** 對於一個一維的單原子鏈，相應的聲速為 5.5×10^3 m/s。原子的質量為 1.09×10^{-25} kg，原子之間的距離為 2.55Å。如果對於這個一維原子鏈的聲速是 $\omega(q)$ 在 q 趨向於零時的斜率，試求 (a) 原子之間作用力的常數 C、(b) 最大角頻率。

答：(a) 對於一維單原子鏈

$$\omega = 2\left(\frac{C}{m}\right)^{1/2}\left|\sin\frac{qa}{2}\right|$$

$$v = \frac{d\omega}{dq} = \left(\frac{C}{m}\right)^{1/2} a \cos\left(\frac{1}{2}qa\right)$$

長波長極限，即 q 趨向於零

$$v = \left(\frac{C}{m}\right)^{1/2} a$$

故

$$C = \frac{mv^2}{a^2} = \frac{1.09 \times 10^{-25}\text{kg} \times (5.5 \times 10^3\text{m/s})^2}{(2.55 \times 10^{-10}\text{m})^2} = 50.7\text{kg/s}^2$$

(b) $\omega_{max} = 2\left(\frac{C}{m}\right)^{1/2} = 2\left(\frac{50.7\text{kg/s}^2}{1.09 \times 10^{-25}\text{kg}}\right)^{1/2} = 4.31 \times 10^{13}\text{s}^{-1}$

> **2.** 一個由鉀（K）原子和溴（Br）原子排成的一維雙原子鏈。假設兩種原子呈離子狀態存在（K^+ 和 Br^-），其距離為 3.29Å。兩個離子之間的作用力是靜電力。假設只有最鄰近的離子互相作用。試求 (a) 其作用力的常數 C，(b) 光學支和聲學支最高和最低的頻率。（提示：令原子間距離 $r = r_0 + u$，$u \ll r_0$，將 r^{-2} 作級數展開）。

答：(a) 鉀原子的質量 $= 39.09 \times 1.67 \times 10^{-27} \text{kg} = 6.53 \times 10^{-26} \text{kg} = m$

溴原子的質量 $= 79.9 \times 1.67 \times 10^{-27} \text{kg} = 1.33 \times 10^{-25} \text{kg} = M$

兩個離子之間的作用力是靜電力

$$F = \frac{e^2}{4\pi \epsilon_0 r^2}$$

$r = r_0 + u$

$$r^{-2} = (r_0 + u)^{-2} = r_0^{-2} \left(1 + \frac{u}{r_0}\right)^{-2} \cong r_0^{-2} \left(1 - 2\frac{u}{r_0} + \cdots\right)$$

$$\cong r_0^{-2} \left(1 - 2\frac{u}{r_0}\right)$$

故　$F = \dfrac{e^2}{4\pi \epsilon_0 r^2} \cong \dfrac{e^2}{4\pi \epsilon_0 r_0^2} \left(1 - 2\dfrac{u}{r_0}\right)$

作用力常數 C 為線性項前的係數

故

$$C = \frac{e^2}{2\pi \epsilon_0 r_0^3} = \frac{(1.602 \times 10^{-19} \text{Coul})^2}{2\pi \times 8.85 \times 10^{-12} \text{F/m} \times (3.29 \times 10^{-10} \text{m})^3}$$

$$= 12.96 \text{kg/s}^2$$

單位之轉化　$\dfrac{\text{Coul}^2}{(\text{F/m}) \cdot \text{m}^3} = \dfrac{\text{Coul}^2}{\text{F} \cdot \text{m}^2} = \dfrac{\text{Coul} \cdot \text{F} \cdot \text{V}}{\text{F} \cdot \text{m}^2} = \dfrac{\text{J}}{\text{m}^2} = \dfrac{\text{kg}}{\text{s}^2}$

(b) 對於聲學支

$\omega_{min} = 0$

$\omega_{max} = \left(\dfrac{2C}{M}\right)^{1/2} = \left(\dfrac{2 \times 12.96\text{kg/s}^2}{1.33 \times 10^{-25}\text{kg}}\right)^{1/2} = 1.396 \times 10^{13}\text{s}^{-1}$

對於光學支

$\omega_{min} = \left(\dfrac{2C}{m}\right)^{1/2} = \left(\dfrac{2 \times 12.96\text{kg/s}^2}{6.53 \times 10^{-26}\text{kg}}\right)^{1/2} = 1.99 \times 10^{13}\text{s}^{-1}$

$\omega_{max} = \left[2C\left(\dfrac{1}{m} + \dfrac{1}{M}\right)\right]^{1/2}$

$\qquad = \left[2 \times 12.96 \times \left(\dfrac{1}{6.53 \times 10^{-26}} + \dfrac{1}{1.33 \times 10^{-25}}\right)\right]^{1/2}\text{s}^{-1}$

$\qquad = 2.43 \times 10^{13}\text{s}^{-1}$

---

3. 考慮一個一維單原子鏈，原子質量為 m，原子間距離為 a，假設原子間有長程作用，一直到第 p 個鄰近的原子都有作用力。試證其色散關係為

$$\omega^2 = \dfrac{2}{m} \sum_{p>0} C_p (1 - \cos pqa)$$

C_p 為與第 p 個相鄰原子的作用力常數。

答：原子間的作用力，對第 s 個原子為

$$F_s = \sum_{p} C_p(u_{s+p} - u_s)$$

$$m\dfrac{d^2u_s}{dt^2} = \sum_{p} C_p(u_{s+p} - u_s)$$

設　$u_{s+p} = u(0)e^{i(s+p)qa-i\omega t}$，代入上式得

$$-m\omega^2 u(0)e^{isqa-i\omega t} = \sum_p C_p[e^{i(s+p)qa} - e^{isqa}]u(0)e^{-i\omega t}$$

消去後，得　$-m\omega^2 = \sum_p C_p(e^{ipqa} - 1)$

假設　$C_p = C_{-p}$，即作用力對稱

$$m\omega^2 = -\sum_{p>0} C_p(e^{ipqa} + e^{-ipqa} - 2)$$

$$= -\sum_{p>0} 2C_p(\cos pqa - 1)$$

即　$\omega^2 = \dfrac{2}{m}\sum_{p>0} C_p(1 - \cos pqa)$

---

4. 如果只考慮相鄰原子的互相作用，原子的質量爲 m，原子之間作用力常數爲 C，試證明一個二維簡單正方晶格的格波色散關係爲

$$\omega^2 = \frac{2C}{m}(2 - \cos q_x a - \cos q_y a)$$

q_x 和 q_y 分別爲 x 和 y 方向的波矢，a 爲原子之間的距離。

答：如果用 $u_{l,n}$ 代表第 l 行和第 n 列的原子相對於其平衡位置的位移，F_{ln} 爲作用於該原子的力

則運動方程武爲

$$F_{ln} = m\frac{d^2 u_{l,n}}{dt^2}$$

$$= C(u_{l+1,n} - u_{l,n}) + C(u_{l-1,n} - u_{l,n}) + C(u_{l,n+1} - u_{l,n})$$

$$+ C(u_{l,n-1} - U_{l,n})$$

即 $m\dfrac{d^2u_{l,\,n}}{dt^2}\,[(u_{l+1,\,n}+u_{l-1,\,n}-2u_{l,\,n})+(u_{l,\,n+1}+u_{l,\,n-1}-2u_{l,\,n})]$

如果令 $u_{l,\,n}=u(0)\,e^{i(q_xla+q_yna-\omega t)}$ 代入上式

$-m\omega^2u(0)\,e^{i(q_xla+q_yna-\omega t)}$

$=Cu(0)\,e^{i(q_xla+q_yna-\omega t)}[(e^{iq_xa}+e^{-iq_xa}-2)+(e^{iq_ya}+e^{-iq_ya}-2)]$

消去共同項後，得

$-m\omega^2=C[(e^{iq_xa}+e^{-iq_xa}-2)+(e^{iq_ya}+e^{-iq_ya}-2)]$

$-m\omega^2=C(2\cos q_xa-2+2\cos q_ya-2)$

即　$\omega^2=\dfrac{2C}{m}(2-\cos q_xa-\cos q_ya)$

---

5. 試證明在一定的溫度下，平均聲子數 $\bar{n}(\omega)$ 滿足下列的微分方程式

$$\dfrac{d\bar{n}}{d\omega}+\dfrac{\hbar}{kT}\,\bar{n}\,(\bar{n}+1)=0 \quad 已知\ \bar{n}=\dfrac{1}{e^{\hbar\omega/kT}-1}$$

答：$\bar{n}=\dfrac{1}{e^{\hbar\omega/kT}-1}$

可得 $e^{\hbar\omega/kT}-1=\dfrac{1}{\bar{n}}$ 　或 $e^{\hbar\omega/kT}=1+\dfrac{1}{\bar{n}}=\dfrac{\bar{n}+1}{\bar{n}}$

當溫度 T 不變時，$\bar{n}$ 僅為 ω 之函數

$\dfrac{d\bar{n}}{d\omega}=\dfrac{-1}{(e^{\hbar\omega/kT}-1)^2}\,e^{\hbar\omega/kT}\cdot\dfrac{\hbar}{kT}$

$\quad\quad=-\bar{n}^2\left(\dfrac{\bar{n}+1}{\bar{n}}\right)\cdot\dfrac{\hbar}{kT}=-\bar{n}\,(\bar{n}+1)\dfrac{\hbar}{kT}$

因此　$\dfrac{d\bar{n}}{d\omega}+\dfrac{\hbar}{kT}\,\bar{n}\,(\bar{n}+1)=0$　得證

第五章 金屬的電學性質

---

1. 銀的費米能量為 5.48eV，其電導率為 $\sigma = 6.21 \times 10^7$ $\Omega^{-1}m^{-1}$，試計算其電子平均自由程和兩次碰撞之間所需的時間。

答：(a) $E_F = \dfrac{1}{2}mv_F^2 = 5.48eV$

$$v_F = \left(\frac{2E_F}{m}\right)^{1/2} = \left(\frac{2 \times 5.48 \times 1.6 \times 10^{-19}J}{9.1 \times 10^{-31}kg}\right)^{1/2}$$

$$= 1.388 \times 10^6 m/s$$

銀的電導率 $\sigma = 6.21 \times 10^7 ohm^{-1}m^{-1}$

$$\sigma = \frac{ne^2\tau}{m}$$

$$n = \frac{阿伏加德羅數}{\left(\dfrac{原子量}{密度}\right)} = \frac{6.023 \times 10^{23}}{\left(\dfrac{107.87g}{10.5/cm^3}\right)} = 5.86 \times 10^{22} \ 原子 / cm^3$$

$$= 5.86 \times 10^{28} \ 原子 / m^3$$

$$\tau = \frac{m\sigma}{ne^2} = \frac{9.1 \times 10^{-31}kg \times 6.21 \times 10^7 ohm^{-1}m^{-1}}{5.86 \times 10^{28}/m^3 \times (1.6 \times 10^{-19}Coul)^2}$$

$$= 3.77 \times 10^{-14} sec$$

單位之轉化 $\quad \dfrac{kg \cdot m^3}{ohm \cdot m \cdot Coul^2} = \dfrac{kg \cdot m^2}{\dfrac{Volt}{Amp} \cdot Coul^2}$

$$= \frac{kg \cdot m^2 \cdot Coul}{Volt \cdot Coul^2 \cdot s} = \frac{kg \cdot m^2}{J \cdot s} = s$$

(b) 平均自由程

$$l = v_F\tau = 1.388 \times 10^6 \text{m/s} \times 3.77 \times 10^{-14}\text{s}$$
$$= 5.23 \times 10^{-8}\text{m} = 52.3\text{nm}$$

---

2. 金屬鈉的電導率為 $2.11 \times 10^7 \Omega^{-1}\text{m}^{-1}$，其弛豫時間為 $3.1 \times 10^{-14}\text{s}$，試求其電子密度。

答：$\tau = 3.1 \times 10^{-14}\text{sec}$

$\sigma = 2.11 \times 10^7 \Omega^{-1}\text{m}^{-1}$

$\sigma = \dfrac{ne^2\tau}{m}$

$n = \dfrac{m\sigma}{e^2\tau} = \dfrac{9.1 \times 10^{-31}\text{kg} \times 2.11 \times 10^7 \Omega^{-1}\text{m}^{-1}}{(1.6 \times 10^{-19}\text{Coul})^2 \times 3.1 \times 10^{-14}\text{s}} = 2.419 \times 10^{28}\text{m}^3$

---

3. 半導體中電子的遷移率會受到晶格振動即聲子碰撞的限制。如果遷移率與聲子的數目成反比，試計算由於聲子碰撞而得到的遷移率在 300K 及 500K 的比例：(a) 對於能量為 0.001eV 的聲學波聲子、(b) 對於能量為 0.03eV 的聲學波聲子，試分別計算之。

答：(a) 對於聲學波聲子

聲子數目 $\langle n \rangle = \dfrac{1}{e^{E/kT} - 1}$

$$n(300K) = \frac{1}{e^{0.001/0.0258} - 1} = 25.3$$

$$n(500K) = \frac{1}{e^{0.001/0.043} - 1} = 42.6$$

$$\therefore \frac{\mu(300K)}{\mu(500K)} = \frac{42.6}{25.3} = 1.683$$

(b) $$n(300K) = \frac{1}{e^{0.03/0.0258} - 1} = 0.454$$

$$n(500K) = \frac{1}{e^{0.03/0.043} - 1} = 0.991$$

$$\therefore \frac{\mu(300K)}{\mu(500K)} = \frac{0.991}{0.454} = 2.183$$

---

4. 當金屬加上電場時，有較多電子沿著電場反方向移動，當電場移去時，這個電流很快的趨向於零。對於銅金屬，試估計電流趨向於零的時間。銅的電導率爲 $5.88 \times 10^7 \Omega^{-1} m^{-1}$，其電子密度爲 $8.45 \times 10^{28}/m^3$。

答： $\sigma = \frac{ne^2\tau}{m}$

$$\tau = \frac{m\sigma}{ne^2} = \frac{9.1 \times 10^{-31} kg \times 5.88 \times 10^7 \Omega^{-1} m^{-1}}{8.45 \times 10^{28}/m^3 \times (1.6 \times 10^{-19} Coul)^2} = 2.47 \times 10^{-14} s$$

---

5. 對於一個一維的晶體，晶格常數爲 a，其 E 與 k 的關係可以寫成下式：

$$E(k) = E_1 - E_2 \cos ka \,,\; E_1 > E_2 \,,\; \frac{-\pi}{a} \le k \le \frac{\pi}{a}$$

(a) 畫出 E 與 k 的關係。

(b) 電子速度的極大值是什麼？在何處發生？

(c) 在 $k = 0$ 和 $k = \dfrac{\pi}{a}$，有效質量等於多少？

答：(a)

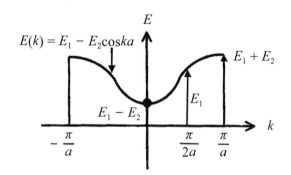

(b) $v = \dfrac{1}{\hbar} \dfrac{\partial E}{\partial k} = \dfrac{1}{\hbar}(E_2 a \sin ka)$

let $\quad \dfrac{\partial v}{\partial k} = \dfrac{1}{\hbar} E_2 a^2 \cos ka = 0$

即 $\cos ka = 0$，$ka = \dfrac{n\pi}{2}$，在 $-\dfrac{\pi}{a} \le k \le \dfrac{\pi}{a}$ 範圍中，電子速度

極大值在 $k = \pm \dfrac{\pi}{2a}$ 處發生，因 $\sin \dfrac{n\pi}{2} = \pm 1$，故極大值為 $+1$，

其值為

$$v = \dfrac{1}{\hbar} E_2 a^2 \sin ka = \dfrac{E_2 a}{\hbar}$$

(c) 有效質量 $\dfrac{1}{m^*} = \dfrac{1}{\hbar^2}\dfrac{\partial^2 E}{\partial k^2} = \dfrac{1}{\hbar^2}E_2a^2\cos ka$

$\therefore m^* = \dfrac{\hbar^2}{E_2a^2}\dfrac{1}{\cos ka}$

在 $k = 0$ 時，$m^* = \dfrac{\hbar^2}{E_2a^2}$

$k = \dfrac{\pi}{a}$ 時，$m^* = -\dfrac{\hbar^2}{E_2a^2}$

---

6. 一個一維晶體的電子能帶關係式可以寫成為：

$$E(k) = \dfrac{\hbar^2}{ma^2}\left[\dfrac{9}{10} - \cos ka + \dfrac{1}{10}\cos 3ka\right]$$

其中 a 是晶格常數。試求：(a) 能帶寬度、(b) 電子速度。

答：(a) 求 $E(k)$ 之極大與極小值

$\dfrac{\partial E}{\partial k} = \dfrac{\hbar^2}{ma^2}\left[a\sin ka - \dfrac{3a}{10}\sin 3ka\right]$ 因為 $\sin 3x = 3\sin x - 4\sin^3 x$

$= \dfrac{\hbar^2}{ma^2}(a\sin ka - \dfrac{3a}{10}\times 3\sin ka + \dfrac{3a}{10}\times 4\sin^3 ka)$

$= \dfrac{\hbar^2 a}{ma^2}\left[\sin ka\left(1 - \dfrac{9}{10}\right) + \dfrac{6}{5}\sin^3 ka\right]$

$= \dfrac{\hbar^2}{ma}\sin ka\left(\dfrac{1}{10} + \dfrac{6}{5}\sin^2 ka\right) = 0$

因 $\dfrac{1}{10} + \dfrac{6}{5}\sin^2 ka > 0$ 故條件為 $\sin ka = 0$

$ka = n\pi$

當 $ka = 0$，$E(k) = \dfrac{\hbar^2}{ma^2}\left(\dfrac{9}{10} - 1 + \dfrac{1}{10}\right) = 0$

$$ka = \pi \text{，} E(k) = \frac{\hbar^2}{ma^2}\left[\frac{9}{10} - (-1) + \frac{1}{10}(-1)\right]$$

$$= \frac{\hbar^2}{ma^2}\left(\frac{9}{10} + 1 - \frac{1}{10}\right) = \frac{9\hbar^2}{5ma^2}$$

故能帶寬度為 $\dfrac{9\hbar^2}{5ma^2}$

(b) $v = \dfrac{1}{\hbar}\dfrac{\partial E}{\partial k} = \dfrac{1}{\hbar}\dfrac{\hbar^2}{ma^2}\left(a\sin ka - \dfrac{3a}{10}\sin 3ka\right)$

$$= \frac{\hbar a}{ma^2}\left[\sin ka - \frac{3}{10}(3\sin ka - 4\sin^3 ka)\right]$$

$$= \frac{\hbar}{ma}\left(\frac{1}{10}\sin ka + \frac{6}{5}\sin^3 ka\right)$$

$$= \frac{\hbar}{ma}\sin ka\left(\frac{1}{10} + \frac{6}{5}\sin^2 ka\right)$$

---

7. 金屬鉀的電阻率為 $\rho = 7.19 \times 10^{-8}\Omega\text{-m}$，其原子量為 39.09 克，密度為 $0.86g/cm^3$，試求其 (a) 電子密度、(b) 弛豫時間，(c) 在一個 100V/m 電場中的平均電子速度。

答：$\rho = 7.19 \times 10^{-8}\Omega\text{-m}$

(a) 原子密度

$$n = \frac{6.023 \times 10^{23}}{\left(\dfrac{39.09g}{0.86g/cm^3}\right)} = 1.325 \times 10^{22}/cm^3 = 1.325 \times 10^{28}/m^3$$

(b) $\sigma = \dfrac{1}{\rho} = \dfrac{ne^2\tau}{m}$

$$\tau = \frac{m}{ne^2\rho}$$

$$= \frac{9.1\times10^{-31}kg}{1.325\times10^{28}/m^3\times(1.6\times10^{-19}Coul)^2\times7.19\times10^{-8}\Omega-m}$$

$$= 3.73\times10^{-14}s$$

(c) $v = \mu E = \dfrac{e\tau}{m}E$

$$= \frac{1.6\times10^{-19}Coul\times3.73\times10^{-14}s\times100V/m}{9.1\times10^{-31}kg} = 0.655m/s$$

---

8. 砷化鎵半導體的電子有效質量為 $0.067m_0$，電子遷移率為 $8500cm^2/V\cdot s$。試求電子的平均弛豫時間。

答 : $\mu = \dfrac{e\tau}{m*}$

$$\tau = \frac{m*\mu}{e} = \frac{0.067m_0\times8500cm^2/V\cdot s}{1.6\times10^{-19}Coul}$$

$$= \frac{0.067\times9.1\times10^{-31}kg\times0.85m^2/V\cdot s}{1.6\times10^{-19}Coul} = 3.24\times10^{-13}s$$

第六章　半導體

---

1. 砷化鎵半導體 $m_e^* = 0.067m_0$，$m_h^* = 0.5m_0$，能隙 $E_g = 1.42eV$，試計算其室溫下的 N_c、N_v 和 n_i 的值。

答：(a) $N_C = 2\left(\dfrac{2\pi m_e^* kT}{h^2}\right)^{3/2}$

$$= 2\left[\dfrac{2\pi \times 0.067 \times 9.1 \times 10^{-31}kg \times 1.38 \times 10^{-23}J/K \times 300K}{(6.626 \times 10^{-34}J \cdot s)^2}\right]^{3/2}$$

$$= 4.34 \times 10^{23}/m^3$$

單位之轉化　$\left(\dfrac{kg \cdot J/K \cdot K}{J^2 \cdot s^2}\right)^{3/2} = \left(\dfrac{kg}{J \cdot s^2}\right)^{3/2}$

$$= \left(\dfrac{kg}{kg \cdot m^2/s^2 \cdot s^2}\right)^{3/2} = m^{-3}$$

(b) $N_V = 2\left(\dfrac{2\pi m_h^* kT}{h^2}\right)^{3/2}$

$$= 2\left[\dfrac{2\pi \times 0.50 \times 9.1 \times 10^{-31}kg \times 1.38 \times 10^{-23}J/K \times 300K}{(6.626 \times 10^{-34}J \cdot s)^2}\right]^{3/2}$$

$$= 8.85 \times 10^{24}/m^3$$

(c) $n_i = \sqrt{N_c N_v}\, e^{-E_g/2kT}$

$$= (4.34 \times 10^{23}/m^3 \times 8.85 \times 10^{24}/m^3)^{1/2} e^{-1.42/2 \times 0.0258}$$

$$= 1.959 \times 10^{24}/m^3 \times 1.118 \times 10^{-12} = 2.19 \times 10^{12}/m^3$$

2. 　鍺的 $N_c = 1.04 \times 10^{19}/cm^3$，$N_V = 6.0 \times 10^{18}/cm^3$，$E_g = 0.66eV$。如果鍺半導體中摻有施主雜質 $N_D = 1 \times 10^{16}/cm^3$，受主雜質 $N_A = 1 \times 10^{10}/cm^3$，試求在室溫下，(a) 電子濃度 n 和 (b) 本徵載子濃度 n_i 爲多少？

答：(a) $n = N_D - N_A = 10^{16}/cm^3 - 10^{10}/cm^3 \approx 10^{16}/cm^3$

　　(b) $n_i = \sqrt{N_c N_v}\, e^{-E_g/2kT}$

　　　　$= (1.04 \times 10^{19}/m^3 \times 6 \times 10^{18}/m^3)^{1/2} e^{-0.66/2 \times 0.0258}$

　　　　$= 7.899 \times 10^{18}/m^3 \times 2.786 \times 10^{-6} = 2.20 \times 10^{13}/m^3$

3. 　如果鍺中摻雜的情況與上題相同，即 $N_D = 10^{16}/cm^3$，$N_A = 10^{10}/cm^3$，而溫度上升到 500K，假設 m_e、m_h、E_g 隨溫度的改變可以忽略，試求 (a) 本徵載子濃度 n_i、(b) 電子濃度 n 和 (c) 電洞濃度 p 分別爲多少？

答：(a) $N_c = 2\left(\dfrac{2\pi m_e kT}{h^2}\right)^{3/2}$，$N_v = 2\left(\dfrac{2\pi m_h kT}{h^2}\right)^{3/2}$

　　　$n_i = \sqrt{N_c N_v}\, e^{-E_g/2kT}$

　　　$\dfrac{N_c(500K)}{N_c(300K)} = \dfrac{N_v(500K)}{N_v(300K)} = \left(\dfrac{500}{300}\right)^{3/2}$

　　　$\dfrac{n_i(500K)}{n_i(300K)} = \left(\dfrac{500}{300}\right)^{3/2} \exp\left[\dfrac{-E_g}{2k}\left(\dfrac{1}{500} - \dfrac{1}{300}\right)\right]$

$$= \left(\frac{5}{3}\right)^{3/2} \times \exp\left[\frac{E_g}{2k} \times \frac{2}{1500}\right]$$

$$= \left(\frac{5}{3}\right)^{3/2} \times \exp\left[\frac{0.66eV}{8.62 \times 10^{-5}eV/K \times 1500K}\right]$$

$$= 2.1516 \times 1.647 \times 10^2 = 354.37$$

如取標準值 $n_i(300K) = 2.4 \times 10^{13}/cm^3$

$\therefore n_i(500K) = 8.504 \times 10^{15}/cm^3$

(b) 在高溫時，不可忽略本徵載子濃度，假設雜質均已離子化

$N_D^+ = N_D$，$N_A^- = N_A$

$$\begin{cases} p + N_D = n + N_A \\ pn = n_i^2 \end{cases}$$

在本題之情況 $N_D \gg N_A$，故

$$\begin{cases} p + N_D = n \\ pn = n_i^2 \end{cases}$$

得 $n = \dfrac{N_D}{2} + \dfrac{1}{2}\sqrt{N_D^2 + 4n_i^2}$

$p = n - N_D = -\dfrac{N_D}{2} + \dfrac{1}{2}\sqrt{N_D^2 + 4n_i^2}$

取 $n_i(500K) = 8.504 \times 10^{15}/cm^3$

得 $n = 1.486 \times 10^{16}/cm^3$

(c) $p = 4.865 \times 10^{15}/cm^3$

---

4. 在某個 p 型矽材料中，每十億個矽原子中有一個受主雜質原子，試計算在室溫之下，多數載子和少數載子各為多少？

$\boxed{答}$：矽的原子密度為 $\dfrac{8}{(5.43 \times 10^{-8}\mathrm{cm})^3} = 4.99 \times 10^{22}/\mathrm{cm}^3$

N_A 雜質為 $\dfrac{4.996 \times 10^{22}\mathrm{cm}^3}{10^9} = 4.99 \times 10^{13}/\mathrm{cm}^3 = N_A \approx p$

$n_i(300K) = 1.45 \times 10^{10}/\mathrm{cm}^3$

$pn = n_i^2$

$n = \dfrac{n_i^2}{p} = \dfrac{(1.45 \times 10^{10}/\mathrm{cm}^3)^2}{4.99 \times 10^{13}\mathrm{cm}^3} = 4.21 \times 10^6/\mathrm{cm}^3$

---

5. 假設在矽半導體中，分別有 $10^{15}/\mathrm{cm}^3$，$10^{17}/\mathrm{cm}^3$ 和 $10^{19}/\mathrm{cm}^3$ 的施主雜質，先假定雜質原子完全電離，試計算在室溫下的費米能位。得到 E_F 後，再核對一下上述完全電離的假設是否能夠成立。假定施主雜質的能位在導帶底下 0.05eV 處，即 $E_C - E_D = 0.05\mathrm{eV}$，並且知道施主雜質電離的程度符合下列方程式

$$N_D^+ = N_D \left[1 - \dfrac{1}{1 + \dfrac{1}{g}\exp\left(\dfrac{E_D - E_F}{kT}\right)} \right]$$

其中 g 為雜質原子基態的簡併數，假定 g = 2。

$\boxed{答}$：(a) 假設完全電離，$n \approx N_D$

$N_D \approx n = N_C\, e^{-(E_C - E_F)/kT}$

$N_C = 2.8 \times 10^{19}/\mathrm{cm}^3$

對 $10^{15}/\mathrm{cm}^3$ 雜質，$10^{15}/\mathrm{cm}^3 = 2.8 \times 10^{19}/\mathrm{cm}^3\, e^{-(E_C - E_F)/kT}$

$E_C - E_F = 0.264eV$

對 $10^{17}/cm^3$ 雜質，$10^{17}/cm^3 = 2.8 \times 10^{19}/cm^3\, e^{-(E_C - E_F)/kT}$

$E_C - E_F = 0.145eV$

對 $10^{19}/cm^3$ 雜質，$10^{19}/cm^3 = 2.8 \times 10^{19}/cm^3\, e^{-(E_C - E_F)/kT}$

$E_c - E_F = 0.0265eV$

(b) $N_D^+ = N_D \left[1 - \dfrac{1}{1 + \dfrac{1}{g}\exp\left(\dfrac{E_D - E_F}{kT}\right)} \right]$，$g = 2$

$\quad = N_D \left[1 - \dfrac{1}{1 + \dfrac{1}{g}\exp\left(\dfrac{E_D - E_F}{kT}\right)} \right]$

$\quad = \dfrac{N_D}{1 + 2\exp\left[\dfrac{-(E_D - E_F)}{kT}\right]}$

對於 $10^{15}/cm^3$ 雜質，$E_C - E_F = 0.264eV$

$E_D - E_F = (E_C - E_F) - (E_C - E_D)$

$\qquad\quad = 0.264eV - 0.05eV = 0.214eV$

$n = \dfrac{10^{15}/cm^3}{1 + 2\exp(-0.214/0.0258)} = 9.995 \times 10^{14}/cm^3$

假設完全電離可以成立。

對於 $10^{17}/cm^3$ 雜質，$E_D - E_F = 0.145eV - 0.05eV = 0.095eV$

$n = \dfrac{10^{17}/cm^3}{1 + 2\exp(-0.095/0.0258)} = 9.52 \times 10^{16}/cm^3$

假設完全電離，大部分成立。

對於 $10^{19}/cm^3$ 雜質，

$$E_D - E_F = 0.0265eV - 0.05eV = -0.235eV$$

$$n = \frac{10^{19}/cm^3}{1 + 2\exp(0.0235/0.0258)} = 1.67 \times 10^{18}/cm^3$$

假設完全電離，不能成立。

---

6. 有一個 n 型半導體，施主濃度 $N_D = 10^{15}/cm^3$。半導體的能隙為 $E_g = 1.12eV$，$m_e^* = m_0$，$m_h^* = 0.5m_0$。試計算當溫度上升到什麼程度時，半導體會變成本徵式的，列出溫度 T 的方程式即可。

答：$n_i = \sqrt{N_c N_v}\, e^{-E_g/2kT}$，本徵式半導體的條件為 $n_i \geq N_D$

$$N_c = 2\left(\frac{2\pi m_e^* kT}{h^2}\right)^{3/2}$$

$$= \frac{2(2\pi \times 9.1 \times 10^{-31}kg \times 1.38 \times 10^{-23}J/K \times T)^{3/2}}{(6.626 \times 10^{-34}J \cdot s)^3}$$

$$= 4.81 \times 10^{21} T^{3/2}(1/m^3)$$

$$N_v = 2\left(\frac{2\pi m_h^* kT}{h^2}\right)^{3/2}$$

$$= \frac{2(2\pi \times 0.5 \times 9.1 \times 10^{-31}kg \times 1.38 \times 10^{-23}J/K \times T)^{3/2}}{(6.626 \times 10^{-34}J \cdot s)^3}$$

$$= 1.70 \times 10^{21} T^{\frac{3}{2}}(1/m^3)$$

$$\therefore n_i = (4.81 \times 10^{21}T^{3/2} \times 1.70 \times 10^{21}T^{3/2})^{1/2} \times$$

$$\exp\left[-\frac{1.12}{(2 \times 8.62 \times 10^{-5} \times T)}\right] \geq 10^{15}$$

$$2.859 \times 10^{21} T^{3/2} \exp\left(\frac{-6469}{T}\right) \geq 10^{15}$$

臨界條件為 $2.859 \times 10^{21} T^{\frac{3}{2}} \exp(-6496/T) = 10^{15}$

$$49.40 + \frac{3}{2}\ln T - \frac{6496}{T} = 34.53$$

$$\therefore \frac{3}{2}\ln T - \frac{6496}{T} + 14.87 = 0$$

---

7. 假設在矽中每 10^7 個原子有一個雜質原子，在室溫狀況下 (a) 如果雜質是施主原子，則矽的電阻率為多少？ (b) 如果雜質是受主原子，則矽的電阻率為多少？

答：(a) 根據第 3-1 題，矽的原子密度為 $5 \times 10^{22}/cm^3$

每 10^7 原子中有一雜質原子，其摻雜濃度為

$$\frac{5 \times 10^{22}/cm^3}{10^7} = 5 \times 10^{15}/cm^3$$

$\sigma_n = ne\mu_n = 5 \times 10^{15}/cm^3 \times 1.6 \times 10^{-19}Coul \times 1500cm^2/V \cdot s$

$\quad = 12\Omega^{-1}cm^{-1}$

$\rho_n = \dfrac{1}{\sigma_n} = 0.83\Omega\text{-cm}$

單位之轉化 $\quad \dfrac{Coul \cdot cm^2}{cm^3 \cdot V \cdot s} = \dfrac{Amp}{cm \cdot Volt} = \Omega^{-1}cm^{-1}$

(b) $\sigma_p = pe\mu_p = 5 \times 10^{15}/cm^3 \times 1.6 \times 10^{-19}Coul \times 450cm^2/V \cdot s$

$\quad = 0.36\Omega^{-1}cm^{-1}$

$\rho_p = \dfrac{1}{\sigma_p} = 2.77\Omega\text{-cm}$

---

8. 在室溫狀況，矽的 $n_i = 1.5 \times 10^{10}/cm^3$，$\mu_n = 1500 cm^2/V \cdot s$，$\mu_p = 450 cm^2/V \cdot s$，試求純矽在室溫下的電阻率。

答：$\sigma = n_i e(\mu_n + \mu_p)$

$\quad = 1.5 \times 10^{10}/cm^3 \times 1.6 \times 10^{-19} Coul \times (1500 + 450) cm^2/V \cdot s$

$\quad = 4.68 \times 10^{-6} \Omega^{-1} cm^{-1}$

$\rho = \dfrac{1}{\sigma} = 2.136 \times 10^5 \Omega\text{-}cm$

---

9. 假設在矽中摻入施主雜質 $N_D = 3 \times 10^{11}/cm^3$，受主雜質 $N_A = 7 \times 10^{10}/cm^3$，兩者相去不遠，試計算 (a) 矽的電導率 σ，(b) 在加了 10V/cm 的電場後，通過矽半導體的電流密度 J。

答：(a) $\begin{cases} n + N_A = p + N_D \\ pn = n_i^2 \end{cases}$

$N_D = 3 \times 10^{11}/cm^3$，$N_A = 7 \times 10^{10}/cm^3$

$p = \dfrac{n_i^2}{n}$

$n + N_A = \dfrac{n_i^2}{n} + N_D$

$n^2 + (N_A - N_D)n - n_i^2 = 0$

$n = \dfrac{N_D - N_A}{2} + \dfrac{1}{2}\sqrt{(N_A - N_D)^2 + 4n_i^2}$

$$\therefore n = \frac{3 \times 10^{11} - 7 \times 10^{10}}{2} + \frac{1}{2}[(7 \times 10^{10} - 3 \times 10^{11})^2$$

$$+ 4 \times (1.5 \times 10^{10})^2]^{1/2}$$

$$= 1.15 \times 10^{11} + 1.159 \times 10^{11} = 2.309 \times 10^{11}(1/cm^3)$$

$$p = \frac{n_i^2}{n} = \frac{(1.5 \times 10^{10})^2}{2.309 \times 10^{11}} = 9.74 \times 10^8/cm^3$$

$$\sigma = e(n\mu_n + p\mu_p) = 1.6 \times 10^{-19}Coul \times (2.309 \times 10^{11}/cm^3$$

$$\times 1500cm^2/V \cdot s + 9.74 \times 10^8/cm^3 \times 450cm^2/V \cdot s)$$

$$= 5.548 \times 10^{-5}\Omega^{-1}cm^{-1}$$

(b) $J = \sigma E = 5.548 \times 10^{-5}\Omega^{-1}cm^{-1} \times 10V/cm$

$$= 5.548 \times 10^{-4}A/cm^2$$

---

10. 假設某半導體的遷移率不隨載子濃度的改變而變化，試證明當電導率最小時，電子濃度 $n = n_i\sqrt{\dfrac{\mu_p}{\mu_n}}$，電洞濃度 $p = n_i\sqrt{\dfrac{\mu_n}{\mu_p}}$。

答：$\sigma = ne\mu_n + pe\mu_p = ne\mu_n + \dfrac{n_i^2}{n}e\mu_p$

$\dfrac{d\sigma}{dn} = e\mu_n - \dfrac{n_i^2}{n^2}e\mu_p$

當 $\dfrac{d\sigma}{dn} = 0$ 時有極端值

$\mu_n = \dfrac{n_i^2}{n^2}\mu_p \quad \therefore n = n_i\sqrt{\dfrac{\mu_p}{\mu_n}}$

$$\frac{d^2\sigma}{dn^2} = \frac{2n_i^2}{n^3}e\mu_p > 0 \text{，故 } n = n_i\sqrt{\frac{\mu_p}{\mu_n}} \text{ 時 } \sigma \text{ 有極小值}$$

$$p = \frac{n_i^2}{n} = \frac{n_i^2}{n_i\sqrt{\dfrac{\mu_p}{\mu_n}}} = n_i\sqrt{\frac{\mu_n}{\mu_p}}$$

---

11. 由氫原子模型得到半導體雜質離子化能量為 $E_d = \dfrac{e^4 m_e}{32\pi^2 \epsilon_r^2 \epsilon_0^2 \hbar^2}$，計算在矽和砷化鎵中，施主雜質的離子化能量。

答： $E_d = \dfrac{e^4 m_e}{32\pi^2 \epsilon_r^2 \epsilon_0^2 \hbar^2}$

對於氫原子

$$E_H = \frac{e^4 m_e}{32\pi^2 \epsilon_0^2 \hbar^2}$$

$$= \frac{9.1 \times 10^{-31} kg \times (1.6 \times 10^{-19} Coul)^4}{32\pi^2 \times (8.85 \times 10^{-12} F/m)^2 \times (1.054 \times 10^{-34} J \cdot s)^2}$$

$$= 2.17 \times 10^{-18} J = 13.56 eV$$

單位之轉化 $\dfrac{kg \cdot Coul^4}{\dfrac{F^2}{m_2} \cdot J^2 \cdot s^2} = \dfrac{kg \cdot Coul^4 \cdot m^2}{\left(\dfrac{Coul}{Volt}\right)^2 \cdot kg^2 \cdot \dfrac{m^4}{s^4} \cdot s^2}$

$$= \frac{Coul^2 \cdot Volt^2}{kg \cdot \dfrac{m^2}{s^2}} = \frac{J^2}{J} = J$$

對於半導體雜質電子 $E_d = E_H\left(\dfrac{1}{\epsilon_r}\right)^2\left(\dfrac{m^*}{m_0}\right)$

對於矽，電導有效質量 $m^* = 3\left(\dfrac{1}{m_1^* + m_2^* + m_3^*}\right)^{-1}$

$$= 3\left(\frac{1}{0.98} + \frac{1}{0.19} + \frac{1}{0.19}\right)^{-1} m_0$$

$$= 0.259 m_0$$

$\epsilon_r = 11.9$

$E_d = 13.56\text{eV} \times \left(\dfrac{1}{11.9}\right)^2 \times 0.259 = 0.0248\text{eV}$

對於砷化鎵，有效質量 $m = 0.067 m_0$

$\epsilon_r = 13.1$

$E_d = 13.56\text{eV} \times \left(\dfrac{1}{13.1}\right)^2 \times 0.067 = 0.0053\text{eV}$

第七章　絕緣體

> **1.** 一個由兩個同心金屬球所組成的電容器，其半徑分別爲 2 公分及 4 公分，中間由相對介電常數 ϵ_r 爲 22 的材料所填滿，試求電容器的電容爲多少？

答：由電磁學得知，同心金屬球的電容爲

$$C = \frac{4\pi\epsilon_r\epsilon_0 ab}{b-a}$$

其中 a 與 b 分別爲內層球及外層球之半徑

$$C = \frac{4\pi \times 22 \times 8.85 \times 10^{-12} F/m \times 0.02m \times 0.04m}{0.02m}$$

$$= 9.78 \times 10^{-11} F$$

> **2.** 假設蒸氣狀態的 NaCl 分子由 Na^+ 和 Cl^- 離子組成，兩者的距離爲 2.5Å。NaCl 蒸氣分子的電偶極矩爲多少？

答：$p = ql = 1.6 \times 10^{-19} Coul \times 2.5 \times 10^{-10} m = 4 \times 10^{-29} Coul \cdot m$

> **3.** 一個氣體分子電偶極矩是 $5 \times 10^{-29} Coul \cdot m$，試計算：(a) 這個電偶極矩在 $2 \times 10^5 V/m$ 電場中的位能，(b) 在室溫之下 kT 能量與這個位能的比例。

答：(a) $U = -\vec{p} \cdot \vec{E}$

$|U| = pE = 5 \times 10^{-29}Coul \cdot m \times 2 \times 10^5 V/m = 10^{-23}J$

(b) $kT = 1.38 \times 10^{-23}J/K \times 300K = 4.14 \times 10^{-21}J$

$\dfrac{kT}{pE} = 414$ 倍

---

4. 如果在 600K 量測得到的 NaCl 電導率爲 $10^{-4}\Omega^{-1} \cdot m^{-1}$，假設只有 Na^+ 離子對於 NaCl 的電導有貢獻，試求在 NaCl 中，鈉離子的擴散係數爲何？

答：NaCl 晶體爲面心立方，氯化鈉晶體的晶格常數是 5.63Å。

鈉原子的原子密度是 $N = \dfrac{4}{(5.63 \times 10^{-10}m)^3} = 2.24 \times 10^{28}/m^3$

$\alpha_{ionic} = Ne\mu_{ionic} = Ne\left(\dfrac{eD}{kT}\right) = \dfrac{Ne^2D}{kT} = 10^{-4}\Omega^{-1} \cdot m^{-1}$

$D = \dfrac{10^{-4}\Omega^{-1} \cdot m^{-1} \times kT}{Ne^2}$

$= \dfrac{10^{-4}\Omega^{-1} \cdot m^{-1} \times 1.38 \times 10^{-23}J/K \times 600K}{2.24 \times 10^{28}/m^3 \times (1.6 \times 10^{-19}Coul)^2}$

$= 1.44 \times 10^{-15}m^2/s$

單位之轉化　$\dfrac{J}{\Omega \cdot m \cdot m^{-3} \cdot Coul^2} = \dfrac{J \cdot m^2}{\dfrac{V}{A} \cdot Coul^2} = \dfrac{J \cdot \dfrac{Coul}{s} \cdot m^2}{V \cdot Coul^2}$

$= \dfrac{Coul \cdot V \cdot m^2/s}{V \cdot Coul} = m^2/s$

5. 一個長度非常長的平行板電容器，兩片板上各有每單位面積為 $+\sigma$ 和 $-\sigma$ 的表面電荷密度，兩片板中間填有一個電極化率為 χ，極化強度為 P 的均勻各向同性介電質。試求介電質中的 (a) 極化電場強度、(b) 總合電場強度。

答：(a) 依照電磁學，對於有極化強度之介電質，由於極化而來的表面電荷密度為 $\sigma_{pol} = \vec{P} \cdot \vec{n}$，$\vec{n}$ 為垂直於表面之單位向量。由於極化而來的體電荷密度為 $\rho_{pol} = -\nabla \cdot \vec{P}$。對於一個具有表面自由電荷密度為 σ 的平行板電容器，依照電磁學，由於板之一面而得之電場為 $\frac{\alpha}{2\epsilon_0}$，由於板兩面所得之電場為 $\frac{\sigma}{\epsilon_0}$。應用高斯定理，在介電質中的總合電場為總和之表面電荷密度（包括自由電荷與極化電荷）除以 ϵ_0。自由表面電荷與極化表面電荷符號相反，因此 $E = \dfrac{\sigma_{free} - \sigma_{pol}}{\epsilon_0} = \dfrac{\alpha_{free} - P}{\epsilon_0}$，由極化而來的電場強度為 $\dfrac{P}{\epsilon_0}$。

(b) 因為 $P = \chi \epsilon_0 E$，代入上式得

$$E = \frac{\alpha_{free} - \chi \epsilon_0 E}{\epsilon_0}$$

總合電場為 $E = \dfrac{\sigma_{free}}{(1+\chi)\epsilon_0} = \dfrac{\sigma_{free}}{\epsilon_r \epsilon_0}$ 降低了 ϵ_r 倍

---

6. 一個平行板電容器中填滿了相對介電材料為 $\epsilon_r = 6$ 的材料，其原子密度為 $3.67 \times 10^{28}/m^3$，(a) 計算這種材料的原子極化率 α，(b) 如果平行板上的電荷產生了一個 $2 \times 10^3 V/m$ 的電場，計算在介電質原子處的局部電場，(c) 在這個電場中的原子電偶極矩。

答：(a) 依克勞休斯—莫索締關係式

$$\frac{\epsilon_r - 1}{\epsilon_r + 2} = \frac{1}{3\epsilon_0} \sum_j N_j \alpha_j$$

假設只有一種極化機理起主要作用

$$\frac{\epsilon_r - 1}{\epsilon_r + 2} = \frac{1}{3\epsilon_0} N\alpha$$

$$\alpha = \frac{3\epsilon_0}{N}\left(\frac{\epsilon_r - 1}{\epsilon_r + 2}\right) = \frac{3 \times 8.85 \times 10^{-12} F/m}{3.67 \times 10^{28}/m^3} \times \left(\frac{6-1}{6+2}\right)$$

$$= 4.52 \times 10^{-40} F \cdot m^2$$

(b) $E_{local} = E + \dfrac{P}{3\epsilon_0}$

$$P = \chi \epsilon_0 E = (\epsilon_r - 1)\epsilon_0 E$$

$$E_{local} = E + \frac{1}{3\epsilon_0}(\epsilon_r - 1)\epsilon_0 E = E\left(1 + \frac{\epsilon_r - 1}{3}\right)$$

根據 7-5 題，在電介質中的電場由於電介質的存在，降低了 ϵ_r 倍

故　$E_{inside} = \dfrac{E}{\epsilon_r} = \dfrac{2000V/m}{6} = 333.3V/m$

$$E_{local} = E_{inside}\left(1 + \frac{\epsilon_r - 1}{3}\right) = 333.3V/m \times \left(1 + \frac{6-1}{3}\right)$$

$$= 888.8 \text{V/m}$$

(c) $p = \alpha E_{\text{local}} = 4.52 \times 10^{-40} \text{F} \cdot \text{m}^2 \times 888.8 \text{V/m}$

$$= 4.01 \times 10^{-37} \text{Coul} \cdot \text{m}$$

---

7. Na$^+$ 離子的電子極化率 α_e 為 3.47×10^{-41}F-m^2，Cl$^-$ 離子的電子極化率為 3.41×10^{-40}F-m^2，而 NaCl 離子對的離子極化率 α_i 為 3.56×10^{-40}F-m^2，(a) 使用克勞休斯—莫索締方程式求 NaCl 的相對介電常數。NaCl 的晶體是面心立方結構，其晶格常數為 5.63Å。(b) 如果加上一個 1200V/m 的電場，NaCl 離子對的局部電場是多少？

答：(a) $\dfrac{\epsilon_r - 1}{\epsilon_r + 2} = \dfrac{1}{3\epsilon_0} \sum_j N_j \alpha_j$

氯化鈉晶體為面心立方，其分子密度為

$$\frac{4}{(5.63 \times 10^{-10} \text{m})^3} = 2.24 \times 10^{28} / \text{m}^3$$

$$\frac{\epsilon_r - 1}{\epsilon_r + 2} = \frac{N}{3\epsilon_0} (3.47 \times 10^{-41} + 3.41 \times 10^{-40} + 3.56 \times 10^{-40})$$

$$= \frac{2.24 \times 10^{28}/\text{m}^3 \times 7.317 \times 10^{-40} \text{F} \cdot \text{m}^2}{3 \times 8.85 \times 10^{-12} \text{F/m}} = 0.617$$

$\epsilon_r - 1 = 0.617(\epsilon_r + 2)$

$\epsilon_r(1 - 0.617) = 1 + 2 \times 0.617 = 2.234$

$\epsilon_r = 5.83$

(b) 加上電場 1200V/m，在介電質中的電場為

$$E_{inside} = \frac{E}{\epsilon_r} = \frac{1200V/m}{5.83} = 205.8V/m$$

$$E_{local} = E_{inside}\left(1 + \frac{\epsilon_r - 1}{3}\right) = E_{inside}\left(1 + \frac{5.83 - 1}{3}\right) = 537.1V/m$$

---

8. 一個極性分子每分子有 3.5×10^{-26}C · m 的永久電偶極矩，其分子密度為 1.6×10^{28} 分子/m^3，假設朗之萬（Langevin）的轉向極化理論可以成立，(a) 計算飽和極化強度，(b) 在室溫下，在一個 2.5×10^4V/m 的電場中的極化強度 P。

答：(a) 飽和時

$$P = np = 1.6 \times 10^{28}/m^3 \times 3.5 \times 10^{-26}C \cdot m = 560C/m^2$$

(b) $P = np\left[\coth\left(\dfrac{pE}{kT}\right) - \dfrac{kT}{pE}\right]$ 此處需參考《固態電子學》（9.28）式

$$\frac{pE}{kT} = \frac{3.5 \times 10^{-26}C \cdot m \times 2.5 \times 10^4 V/m}{1.38 \times 10^{-23}J/K \times 300K} = 0.211$$

$$P = 560C/m^2 \times [\coth(0.211) - \frac{1}{0.211}]$$

$$= 560C/m^2 \times (4.809 - 4.739) = 39.01C/m^2$$

---

9. 一種呈面心立方結構的金屬，也可以形成非晶態材料。如果其非晶體材料的密度比晶態材料的密度低 15%，假設這兩種材料最近的原子距離是相同的，試求非晶態材

料原子填充空間的體積百分比。

答：面心立方原子的占據空間比例為 $\dfrac{\sqrt{2}}{6}\pi = 0.74$（見習題 3-2）

如原子間最近距離為 d，原子之半徑為 a

則　$\sqrt{\left(\dfrac{2}{a}\right)^2 + \left(\dfrac{2}{a}\right)^2} = d$

　　　$d = \dfrac{a}{\sqrt{2}}$

原子密度為　$n = \dfrac{4}{a^3} = \dfrac{\sqrt{2}}{d^3}$

現在非晶態材料的密度 n_a 比 n 低 15%，即 $n_a = 0.85n$

每個原子所占的體積為

$\dfrac{4}{3}\pi\left(\dfrac{d}{2}\right)^3 \times n_a = \dfrac{4}{3}\pi\left(\dfrac{d}{2}\right)^3 \times 0.85 \times \dfrac{\sqrt{2}}{d^3}$

$\qquad\qquad = \dfrac{4\pi}{3} \times \dfrac{1}{8} \times 0.85 \times \sqrt{2} = 0.63$

如簡單用 $0.74 \times 0.85 = 0.63$ 亦得同樣結果

第八章　光學性質

---

1. 一個角頻率爲 $\omega = 7.2 \times 10^{12}$rad/s 的光，照射到一片厚度爲 0.01mm 的材料上。材料的折射係數爲 11.7，其消光係數爲 8.5。試計算：(a) 在材料中的波速，(b) 波在進入材料之前和進入材料之後的波長，(c) 在穿過材料之前和之後，光強度的比例，(d) 相對介電常數的實數部分和虛數部分，各爲多少？

答：(a) $v = \dfrac{c}{n} = \dfrac{3 \times 10^8 \text{m/s}}{11.7} = 2.56 \times 10^7 \text{m/s}$

(b) $\omega = 2\pi\nu = 7.2 \times 10^{12}$rad/s

$\nu = \dfrac{7.2 \times 10^{12}\text{rad/s}}{2\pi} = 1.146 \times 10^{12}/\text{s}$

進入材料前的波長

$\lambda = \dfrac{c}{\nu} = \dfrac{2\pi c}{\omega} = \dfrac{2\pi \times 3 \times 10^8 \text{m/s}}{7.2 \times 10^{12}\text{rad/s}} = 2.62 \times 10^{-4}\text{m}$

在材料中的波長

$\lambda = \dfrac{2\pi c}{\omega n} = \dfrac{2.62 \times 10^{-4}\text{m}}{11.7} = 2.23 \times 10^{-5}\text{m}$

(c) $\dfrac{I}{I_0} = e^{-2\frac{\omega}{c}Kz}$, $\dfrac{I}{I_0} = e^{-\alpha z}$

$e^{-2 \times \frac{7.2 \times 10^{12}/\text{s}}{3 \times 10^8 \text{m/s}} \times 8.5 \times 0.01 \times 10^{-3}\text{m}} = e^{-4.08} = 1.69 \times 10^{-2}$

(d) $\epsilon = \epsilon_r = \epsilon_0$

$\hat{\epsilon}_r = \epsilon_1 + i\,\epsilon_2$

$$\epsilon_1 = n^2 - K^2 = 11.7^2 - 8.5^2 = 64.6$$

$$\epsilon_2 = 2nK = 2 \times 11.7 \times 8.5 = 198.9$$

2. 某材料的相對介電常數為 12。如果對於波長為 1 微米的光，其反射率為 50%，試求其消光係數為多少？如果這個吸收是由於自由載子而引起的，其電導率為多少？

答：(a) $R = \dfrac{(n-1)^2 + K^2}{(n+1)^2 + K^2}$

$\hat{\epsilon}_r = \epsilon_1 + i\,\epsilon_2$

$\epsilon_1 = n^2 - K^2 = 12$

$K^2 = n^2 - \epsilon_1 = n^2 - 12$

$R = \dfrac{(n-1)^2 + n^2 - \epsilon_1}{(n+1)^2 + n^2 - \epsilon_1} = \dfrac{(n-1)^2 + n^2 - 12}{(n+1)^2 + n^2 - 12} = 0.5$

$n^2 - 2n + 1 + n^2 - 12 = 0.5(n^2 + 2n + 1 + n^2 - 12)$

$2(2n^2 - 2n - 11) = 2n^2 + 2n - 11$

$2n^2 - 6n - 11 = 0$

$n = \dfrac{6 \pm \sqrt{36 + 88}}{4} = \dfrac{6 \pm \sqrt{124}}{4} = \dfrac{3 \pm \sqrt{31}}{2} = 4.28$ 或 -1.28

負值不合理，$n = 4.28$

$K^2 = n^2 - 12 = 4.28^2 - 12 = 6.32$，$K = 2.51$

(b) $E = E_0 e^{i(kz - \omega t)}$ (1)

如 k 在（8.29）式成為複數，寫成

$k = \alpha + i\beta = k_1 + ik_2$ 見《固態電子學》（8.30）式

光強度 $|E|^2$ 隨 e^{-2k_2z} 下降（即隨 $e^{-2\beta z}$ 下降）

將 (1) 式代入《固態電子學》（8.16）式

$$\nabla^2\vec{E} - \mu\sigma\frac{\partial\vec{E}}{\partial t} - \mu\epsilon\frac{\partial^2\vec{E}}{\partial t^2} = 0 \ ,$$

得 $-k^2\vec{E} = \mu\sigma\,(-i\omega)\vec{E} + \mu\epsilon\,(-\omega^2)\vec{E}$

$\therefore k^2 = \mu\epsilon\omega^2 + i\omega\mu\sigma$

$$\frac{k^2}{\omega^2} = \mu\epsilon + i\frac{\mu\sigma}{\omega}$$

因　$v = \dfrac{\omega}{k}$

$$\therefore \frac{k^2}{\omega^2} = \frac{1}{\hat{v}^2} = \mu\epsilon + i\frac{\mu\sigma}{\omega} = \mu(\epsilon + i\frac{\sigma}{\omega}) = \mu_0\mu_r(\epsilon_r\epsilon_0 + i\frac{\sigma}{\omega}) \qquad (2)$$

let　$\mu = \mu_r\mu_0$ 及 $\mu_r = 1$，$\mu_0\epsilon_0 = \dfrac{1}{c^2}$

$$\frac{k^2}{\omega^2} = \frac{1}{\hat{v}^2} = \mu_0\epsilon_r\epsilon_0 + i\frac{\mu_0\sigma}{\omega} = \frac{\epsilon_r}{c^2} + i\frac{\sigma}{c^2\omega\epsilon_0} \qquad (3)$$

$$\frac{c^2}{\hat{v}^2} = \epsilon_r + i\frac{\sigma}{\omega\epsilon_0} = \hat{N}^2 = (n_1 + in_2)^2 = (n + iK)^2 \qquad (4)$$

$$\begin{cases} n_1^2 - n_2^2 = \epsilon_r & (5) \\[2mm] 2n_1n_2 = \dfrac{\sigma}{\omega\epsilon_0} & (6) \end{cases}$$

$$N = \frac{c}{\hat{v}} = \frac{c}{\omega/k} = \frac{ck}{\omega} = \frac{c}{\omega}(k_1 + ik_2) = n_1 + in_2 = n + iK \qquad (7)$$

$$\begin{cases} n_1 \equiv n \\[2mm] n_2 \equiv K \end{cases}$$

$$\begin{cases} n_1 \equiv \dfrac{c}{\omega}k_1 & (8) \\[3mm] n_2 \equiv \dfrac{c}{\omega}k_2 & (9) \end{cases}$$

將 (9) 式代入 (6) 式

$$2n_1 \frac{c}{\omega} k_2 = \frac{\sigma}{\omega \epsilon_0}$$

$$\sigma = (2k_2)n_1 c \, \epsilon_0 = nc\alpha \epsilon_0$$

注意此處吸收係數之 α 與（8.30）式之 α 不同

$2k_2 = \alpha = $ 吸收係數

$n_1 = n = $ index of refraction

$n = 4.28$，$\alpha = 2k_2 = 2n_2 \dfrac{\omega}{c} = 2 \dfrac{K\omega}{c} = \dfrac{4\pi K\nu}{c} = \dfrac{4\pi K}{\lambda}$

$$= \frac{4\pi n_2}{\lambda} = \frac{4\pi \times 2.51}{10^{-6}\text{m}} = 3.15 \times 10^7 \text{m}^{-1} \tag{10}$$

$\sigma = 4.28 \times 3 \times 10^8 \text{m/s} \times 3.15 \times 10^7 \text{m}^{-1} \times 8.85 \times 10^{-12} \text{F/m}$

$\quad = 3.579 \times 10^5 \Omega^{-1} \text{m}^{-1}$

單位之轉化　$\dfrac{F}{m \cdot s} = \dfrac{Coul/Volt}{m \cdot s} = \dfrac{Amp/Volt}{m} = \Omega^{-1} \text{m}^{-1}$

---

3. 某材料其吸收係數 α（即 $\dfrac{I}{I_0} = e^{-\alpha x}$ 式中的 α）在 3000Å 的波長時為 10^6cm^{-1}，如果其相對介電常數為 9，試求其反射率 R。

答： $R = \dfrac{(n-1)^2 + K^2}{(n+1)^2 + K^2}$，$\alpha = 10^6 \text{cm}^{-1} = 10^8 \text{m}^{-1}$

$\alpha = \dfrac{4\pi K}{\lambda}$，$K = \dfrac{\lambda \alpha}{4\pi} = \dfrac{3000 \times 10^{-10} \text{m} \times 10^8 \text{m}^{-1}}{4\pi} = 2.38$

$\epsilon_1 = n^2 - K^2 = n^2 - 2.38^2 = 9$

n = 3.829

$$R = \frac{(3.829 - 1)^2 + 2.38^2}{(3.829 + 1)^2 + 2.38^2} = \frac{13.667}{28.983} = 0.471$$

---

4. 穿過一片薄金片鈉光（光波長 λ = 589nm）的光強度爲入射強度的 30%。金的消光係數爲 3.2。試求：(a) 金的吸收係數 α，(b) 金片的厚度。

答：(a) 由本章第 2 題

$$\alpha = \frac{2\omega K}{c}$$

對於 589nm 的光

$$\omega = 2\pi\nu = 2\pi\frac{c}{\lambda} = \frac{2\pi \times 3 \times 10^8 \text{m/s}}{589 \times 10^{-9}\text{m}} = 3.2 \times 10^{15}\text{s}^{-1}$$

$$\alpha = \frac{2 \times 3.20 \times 10^{15}\text{s}^{-1} \times 3.2}{3 \times 10^8 \text{m/s}} = 6.82 \times 10^7 \text{m}^{-1}$$

(b) 穿過之光強度爲入射光之 30%

故 $e^{-\alpha z} = 30\%$

$$-6.82 \times 10^7 \text{m}^{-1} \times z = -1.203$$

$$z = 1.76 \times 10^{-8}\text{m} = 17.6\text{nm}$$

---

5. 金的折射係數爲 0.21，消光係數爲 3.24，對於 600nm 的光，金的反射率爲多少？

答：$R = \dfrac{(n-1)^2 + K^2}{(n+1)^2 + K^2} = \dfrac{(0.21-1)^2 + 3.24^2}{(0.21+1)^2 + 3.24^2} = \dfrac{11.12}{11.96} = 92.9\%$

---

6. 如果定義一個材料的光伸入深度爲光強度降低到 $\dfrac{1}{e}$ 時的深度。試求鋁對於波長爲 589nm 鈉光的伸入深度。鋁的消光係數爲 6.0。

答：$e^{-\alpha z} = e^{-1}$ 時，$\alpha z = 1$，$z = \dfrac{1}{\alpha}$，即伸入深度 $w = \dfrac{1}{\alpha}$

根據本書習題 8.2，第 (10) 式，伸入深度 w 爲

$$w = \frac{1}{\alpha} = \frac{c}{2\omega K}$$

$$\omega = 2\pi\nu = 2\pi\frac{c}{\lambda} = 3.20 \times 10^{15}\,s^{-1}$$

$$w = \frac{c}{2\omega K} = \frac{\lambda}{4\pi K} = \frac{589 \times 10^{-9}\,m}{4\pi \times 6} = 7.81 \times 10^{-9}\,m$$

---

7. 類似於第 6 題，試求某種消光係數爲 1.5×10^{-7} 的玻璃之伸入深度。

答：$\alpha = \dfrac{2\omega K}{c} = \dfrac{2 \times 3.20 \times 10^{15}\,s^{-1} \times 1.5 \times 10^{-7}}{3 \times 10^8\,m/s} = 3.2\,m^{-1}$

$$w = \frac{1}{\alpha} = \frac{1}{3.2\,m^{-1}} = 0.312m = 31.2cm$$

8. 一片厚度爲 1cm 的玻璃，對於波長爲 589nm 的光穿透率爲 89%。如果玻璃的厚度增加爲 2cm 時，穿透率爲多少？

答：$\dfrac{I}{I_0} = e^{-\alpha z} = 89\% = e^{-\alpha \times 0.01m}$

$-0.1165 = -0.01\alpha$

$\alpha = 11.65 m^{-1}$

厚度增加爲 2cm

$e^{-\alpha z} = e^{-11.65m^{-1} \times 0.02m} = e^{-0.233} = 79.2\%$

9. 計算鉀和鋰金屬的電漿頻率爲多少？

答：$\omega_p = \sqrt{\dfrac{Ne^2}{m\epsilon_0}}$

鉀和鋰的原子密度分別爲 $1.40 \times 10^{28}/m^3$ 及 $4.70 \times 10^{28}/m^3$

(a) 故對於鉀

$$\omega_p = \left[\frac{1.40 \times 10^{28}/m^3 \times (1.6 \times 10^{-19} Coul)^2}{9.1 \times 10^{-31}kg \times 8.85 \times 10^{-12}F/m}\right]^{1/2} = 6.67 \times 10^{15} s^{-1}$$

單位之轉化　$\left(\dfrac{\dfrac{1}{m^3} \times Coul^2}{kg \times F/m}\right)^{\frac{1}{2}} = \left(\dfrac{Coul^2}{kg \cdot F \cdot m^2}\right)^{\frac{1}{2}}$

$$= \left(\frac{Coul \cdot F \cdot Volt}{kg \cdot F \cdot m^2}\right)^{\frac{1}{2}} = \left(\frac{J}{kg \cdot m^2}\right)^{\frac{1}{2}}$$

$$= \left(\frac{\text{kg} \cdot \text{m}^2/\text{s}^2}{\text{kg} \cdot \text{m}^2} \right)^{\frac{1}{2}} = \text{s}^{-1}$$

(b) 對於鋰

$$\omega_p = \left[\frac{4.7 \times 10^{28}/\text{m}^3 \times (1.6 \times 10^{-19} \text{Coul})^2}{9.1 \times 10^{-31} \text{kg} \times 8.85 \times 10^{-12} \text{F/m}} \right]^{\frac{1}{2}} = 1.22 \times 10^{16} \text{s}^{-1}$$

---

10. 對於一個在晶體動量 $k = 0$ 處有 1.5eV 直接能隙的簡併半導體，其電子濃度為 $4 \times 10^{19}/\text{cm}^3$，其 $m_e^* = 0.2m_0$，$m_h^* = 0.5m_0$。試求其 (a) 最小的非直接吸收能量，和 (b) 最小的直接吸收能量。

答：(a)

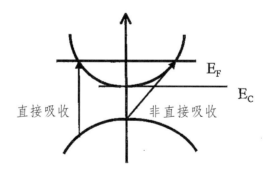

$$E_F = \left(\frac{\hbar^2}{2m_e^*} \right) (3\pi^2 n)^{\frac{2}{3}}$$

$$= \frac{(1.054 \times 10^{-34} \text{J} \cdot \text{s})^2}{2 \times 0.2 \times 9.1 \times 10^{-31} \text{kg}} \times (3\pi^2 \times 4 \times 10^{25}/\text{m}^3)^{\frac{2}{3}}$$

$$= 3.415 \times 10^{-20} \text{J} = 0.213 \text{eV}$$

單位之轉化 $\dfrac{J^2 \cdot s^2}{kg \cdot m^2} = \dfrac{J \cdot kg \cdot \dfrac{m^2}{s^2} \cdot s^2}{kg \cdot m^2} = J$

故最小非直接吸收能量

$= E_g + (E_F - E_C) = 1.50eV + 0.213eV = 1.713eV$

(b) 最小直接吸收能量

$= E_g + \dfrac{\hbar^2}{2m_e^*}(3\pi^2 n)^{\frac{2}{3}} + \dfrac{\hbar^2}{2m_h^*}(3\pi^2 n)^{\frac{2}{3}}$

$= E_g + \dfrac{\hbar^2}{2}(3\pi^2 n)^{\frac{2}{3}} \left(\dfrac{1}{m_e^*} + \dfrac{1}{m_h^*}\right)$

$= 1.50eV + \dfrac{(1.054 \times 10^{-34}J \cdot s)^2}{2 \times 9.1 \times 10^{-31}kg}(3\pi^2 \times 4 \times 10^{25}/m^3)^{\frac{2}{3}}$

$\qquad \times \left(\dfrac{1}{0.2} + \dfrac{1}{0.5}\right)$

$= 1.50eV + 0.2989eV = 1.798eV$

---

11. 磷光與時間的函數關係常有一個冪次的衰退關係式。如果在任一時刻，有 N 個自由電子和 N 個空穴，磷光強度 $I = \alpha N^2$，α 為一比例常數。試導出磷光隨時間衰退的關係式為

$I(t) = \dfrac{\alpha N_0^2}{(N_0 \alpha t + 1)^2}$

N_0 為 N 在 $t = 0$ 的值

答：由於在任一時間的光強度 I 等於電子躍遷發生的次數，也就是

電子密度 N 與時間的變化速率，即 $I = -\dfrac{dN}{dt}$，現在 $I = \alpha N^2$，故

$$I = -\frac{dN}{dt} = \alpha N^2 \qquad\qquad (1)$$

(1) 式的負號代表電子濃度的降低，將 (1) 式積分，得

$$\frac{dN}{N^2} = -\alpha dt$$

$$\int \frac{dN}{N^2} = -\alpha \int dt$$

$$\left.\left(\frac{-1}{N}\right)\right|_{N_0}^{N} = \frac{1}{N_0} - \frac{1}{N} = -\alpha(t - t_0)$$

如 $t_0 = 0$，$\left(\dfrac{1}{N_0} + \alpha t\right) = \dfrac{1}{N}$

$$N = \frac{1}{\dfrac{1}{N_0} + \alpha t} = \frac{N_0}{1 + N_0 \alpha t}$$

$$I(t) = \alpha N^2 = \frac{\alpha N_0^2}{(N_0 \alpha t + 1)^2}$$

第九章 磁學性質

1. 螺線環（solenoid）內的磁場強度 H 為 $H = \dfrac{In}{l}$（SI 制），其中 I 是電流，n 是螺線環的圈數，l 是螺線環的長度。以高斯制表示，$H = \dfrac{4\pi}{10} \dfrac{In}{l}$。如果電流為 5 安培，圈數 n 為 1000，長度 l 為 0.1m。試求磁場強度為多少？如果用高斯制表示，磁場強度是多少？

答：(a) SI 制

$$H = \frac{In}{l} = \frac{5A \times 1000}{0.1m} = 5 \times 10^4 (A/m)$$

(b) cgs 制

$$H = \frac{4\pi}{10} \frac{In}{l} = \frac{4\pi}{10} \times \frac{5 \times 1000}{10} = 628.32 (Oe)$$

由於 $1\dfrac{A}{m} = \dfrac{4\pi}{10^3}$ Oe，此二者相同

---

2. 鍺的原子半徑是 1.37Å，試求其抗磁性磁化率。

答：(a) 在 SI 制

$$\chi = \frac{M}{H} = \frac{\mu_0 M}{B} = -\frac{\mu_0 nZe^2}{6m} \langle \overline{r^2} \rangle$$

其中 n 為原子密度，鍺有 32 個電子

$$Z = 32，r = 1.37\text{Å} = 1.37 \times 10^{-10}\text{m}$$

$$n = \frac{阿伏加德羅數}{原子量／密度} = \frac{N_0 d}{W} = \frac{6.023 \times 10^{23} \times 5.32\text{g/cm}^3}{72.59\text{g}}$$

$$= 4.41 \times 10^{22}/\text{cm}^3 = 4.41 \times 10^{28}/\text{m}^3$$

$$\chi = -\frac{4\pi \times 10^{-7}(\text{H/m}) \times 4.41 \times 10^{28}/\text{m}^3 \times 32}{6 \times 9.1 \times 10^{-31}\text{kg}}$$

$$\frac{\times (1.6 \times 10^{-19}\text{Coul})^2 \times (1.37 \times 10^{-10}\text{m})^2}{} = -1.56 \times 10^{-4}$$

單位之轉化 $\dfrac{\dfrac{\text{H}}{\text{m}} \times \text{m}^{-3} \times \text{Coul}^2 \times \text{m}^2}{\text{kg}} = \dfrac{\text{H} \times \text{Coul}^2}{\text{kg} \cdot \text{m}^2}$

$$= \frac{(\text{kg} \cdot \text{m}^2/\text{A}^2 \cdot \text{s}^2) \cdot \text{Coul}^2}{\text{kg} \cdot \text{m}^2} = 無單位純量$$

(b) cgs 制

$$\chi = -\frac{nZe^2}{6m}\langle \bar{r}^2 \rangle$$

$$= -\frac{4.41 \times 10^{22}/\text{cm}^3 \times 32 \times (1.6 \times 10^{-20}\text{abcoul})^2 \times (1.37 \times 10^{-8}\text{cm})^2}{6 \times 9.1 \times 10^{-28}\text{gm}}$$

$$= -1.24 \times 10^{-5}$$

單位之轉化 $\dfrac{\text{cm}^{-3} \times \text{abcoul}^2 \times \text{cm}^2}{\text{g}} = \dfrac{\text{abcoul}^2}{\text{g} \cdot \text{cm}}$

$$= 無單位純量$$

因為 $\chi(\text{SI}) = 4\pi\chi(\text{cgs})$，故上述結果符合

---

3. 一個順磁性材料，假設每立方米有 10^{29} 個磁偶，而每個磁偶的磁矩為 $\mu_\text{m} = \mu_\text{B}$，試求在室溫下的順磁性磁化率。

答：(a) 在 SI 制

$$\chi_{para} = \frac{\mu_0 n \mu_m^2}{3kT}$$

$$\mu_m = \mu_B = 9.27 \times 10^{-24} J/Tesla$$

$$= \frac{4\pi \times 10^{-7} \frac{H}{m} \times 10^{29}/m^3 \times (9.27 \times 10^{-24}J/T)^2}{3 \times 1.38 \times 10^{-23}J/K \times 300K}$$

$$= 8.69 \times 10^{-4}$$

單位之轉換　$\dfrac{(H/m) \times m^{-3} \times \dfrac{J^2}{T^2}}{J} = \dfrac{H \cdot J}{m^4 \cdot T^2}$

$$= \frac{(kg \cdot m^2/A^2 \cdot s^2) \cdot (kg \cdot m^2/s^2)}{m^4 \cdot (kg/A \cdot s^2)^2}$$

$$= 無單位純量$$

(b) 在 cgs 制

$$\chi_{para} = \frac{n \mu_m^2}{3kT} ,$$

$$\mu_m = \mu_B = 9.27 \times 10^{-21} erg/Oe$$

$$= \frac{10^{23}/cm^3 \times (9.27 \times 10^{-21}erg/Oe)^2}{3 \times 1.38 \times 10^{-16}erg/K \times 300K} = 6.91 \times 10^{-5}$$

單位之轉化　$\dfrac{cm^{-3} \times (erg/Oe)^2}{erg} = \dfrac{cm^{-3} \cdot erg}{Oe^2}$

$$= \frac{cm^{-3} \cdot g \cdot cm^2/s^2}{g/cm \cdot s^2} = 無單位純量$$

$$Oe = \frac{g^{\frac{1}{2}}}{cm^{\frac{1}{2}} \cdot s} , \quad erg = g \cdot \frac{cm^2}{s^2}$$

因 $\chi(SI) = 4\pi\chi(cgs)$，故上述結果符合

> **4.** 鐵原子的 $\mu_m = 2.22\mu_B$，居里溫度 T_C 爲 1043K，試計算其分子磁場 H_m。

答：(a) SI 制

$$H_m = \lambda M = \frac{3k_B T_C}{\mu_m \mu} \ , \ B = \mu H_m = \frac{3k_B T_C}{2.22\mu_B}$$

$$= \frac{3 \times 1.38 \times 10^{-23} J/K \times 1043K}{2.2 \times 9.27 \times 10^{-24} J/T} = 2117.3 Tesla$$

(b) 高斯制

$$H_m = \lambda M = \frac{3k_B T_C}{\mu_m \mu}$$

$$B = \mu H_m = \frac{3 \times 1.38 \times 10^{-16} erg/K \times 1043K}{2.2 \times 9.27 \times 10^{-21} erg/gauss}$$

$$= 2.117 \times 10^7 gauss$$

$$1 Tesla = 10^4 gauss \quad 故兩者符合$$

> **5.** 一個順磁性金屬在 0K 時，每一立方公分的材料在費米能階附近的能位密度是每焦耳有 5×10^{41} 個能位，試計算其順磁性磁化率。

答：(a) SI 制

$$\chi_m = \frac{M}{H} = \mu_0 \mu_B^2 D(E_F)$$

如求每單位體積之順磁性磁化率，則再除以體積

$$\chi_m = \frac{\mu_0 \mu_B^2 D(E_F)}{V}$$

$$= \frac{4\pi \times 10^{-7} H/m \times (9.27 \times 10^{-24} J/T)^2 \times 5 \times 10^{41}/J}{(10^{-2}m)^3}$$

$$= 5.4 \times 10^{-5}$$

單位之轉化　$\dfrac{\dfrac{H}{m} \cdot \dfrac{J^2}{T^2} \cdot J^{-1}}{m^3} = \dfrac{H \cdot J^2 \cdot J^{-1}}{m^4 \cdot T^2} = \dfrac{H \cdot J}{m^4 \cdot T^2}$

$$\frac{(kg \cdot m^2/A^2 \cdot s^2) \times J}{m^4 \cdot (kg/A \cdot s^2)^2} = \frac{J \cdot s^2}{m^2 \cdot kg} = 無單位純量$$

(b) cgs 制

$$\chi_m = \frac{\mu_B^2 D(E_F)}{V} = \frac{(9.27 \times 10^{-21} erg/Oe)^2 \times 5 \times 10^{41} \frac{1}{J} \times \frac{J}{10^7 erg}}{1 cm^3}$$

$$= 4.296 \times 10^{-6}$$

$\chi_m(SI) = 4\pi\chi_m(cgs)$ 故結果符合

---

6. 金屬銫的密度是 $1.87 g/cm^3$，原子量是 132.9 克。假設每個電子的磁矩為 μ_B，試求其順電性磁化率。

答：每單位體積之電子數為

$$n = \frac{6.023 \times 10^{23} \times 1.87 g/cm^3}{132.9 g} = 8.47 \times 10^{21}/cm^3$$

$$= 8.47 \times 10^{27}/m^3$$

$$\chi_{para} = \frac{\mu_0 n \mu_m^2}{3kT} \, , \ \mu_m = \mu_B$$

$$= \frac{4\pi \times 10^{-7}(\text{H/m}) \times 8.47 \times 10^{27}/\text{m}^3 \times (9.27 \times 10^{-24}\text{J/T})^2}{3 \times 1.38 \times 10^{-23}\text{J/K} \times 300\text{K}}$$

$$= 7.36 \times 10^{-5}$$

單位之轉化　$\dfrac{\dfrac{\text{H}}{\text{m}} \times \text{m}^{-3} \times \dfrac{\text{J}^2}{\text{T}^2}}{\text{J}} = \dfrac{\text{H} \cdot \text{J}}{\text{m}^4 \cdot \text{T}^2} = $ 無單位純量

---

7. 一個磁性材料具有長方形的磁滯曲線，假設 $H_c = 1.5\text{Oe}$，$B_s = 10\text{kG}$，其體積為 0.5cm^3。試計算在經歷一整個磁滯迴路後，所消耗的能量為多少？用高斯制和用 SI 制計算是否能得到同樣的答案？

答：在 cgs 制，依電磁學，磁能量密度為 $u = \dfrac{BH}{8\pi}$

故 $u = \dfrac{1}{8\pi} \times 1.5\text{Oe} \times 10 \times 10^3\text{G} = 596.8\text{Oe} \cdot \text{G}$

單位之轉化　$\text{Oe} = \dfrac{\text{g}^{\frac{1}{2}}}{\text{cm}^{\frac{1}{2}} \cdot \text{s}}$ ，$\text{G} = \dfrac{\text{g}^{\frac{1}{2}}}{\text{cm}^{\frac{1}{2}} \cdot \text{s}}$

$\text{Oe} \cdot \text{G} = \dfrac{\text{g}}{\text{cm} \cdot \text{s}^2} = \dfrac{\text{erg}}{\text{cm}^3}$

總共能量為　$u \cdot V = 596.8\dfrac{\text{erg}}{\text{cm}^3} \times 0.5\text{cm}^3 = 298.4\text{erg}$

在 SI 制，磁能量密度　$u = \dfrac{1}{2}BH$

H 之單位為　$\dfrac{\text{A}}{\text{m}}$ ，$1\dfrac{\text{A}}{\text{m}} = \dfrac{4\pi}{10^3}\text{Oe}$

B 之單位為 T，$1T = 10^4 G$

故　$1.5 Oe = 1.5 \times \dfrac{10^3}{4\pi} \dfrac{A}{m}$

$10kG = 1T$

$u = \dfrac{1}{2} BH = \dfrac{1}{2} \times T \times 1.5 \times \dfrac{10^3}{4\pi} \dfrac{A}{m} = 59.68 T \cdot \dfrac{A}{m}$

單位之轉化　$T \cdot \dfrac{A}{m} = \dfrac{kg}{A \cdot s^2} \cdot \dfrac{A}{m} = \dfrac{kg}{m \cdot s^2} = \dfrac{J}{m^3}$

故總共能量為　$u \cdot V = 59.68 \dfrac{J}{m^3} \times 0.5 \times (10^{-2} m)^3$

$$= 2.984 \times 10^{-5} J$$

故用高斯制與 SI 制得到答案相同。

注意：在高斯制，B 與 H 之單位量綱實際上相同，而在 SI 制，

　　　B 與 H 有不同的量綱，因為定義的方程式不同。

第十章　熱學性質

1. 對於一個金屬而言，在費米能量 E_F 附近 $k_B T$ 能量範圍內有多少電子？用這些電子的數目與整個電子的數目比例來表示。假設 $E_F = 4eV$，溫度為 300K。

答： $dN = D(E)dE$

$$\therefore dN = D(E_F)kT = \frac{3N}{2E_F} \cdot kT$$

$$\frac{dN}{N} = \frac{3kT}{2E_F} = \frac{3 \times 1.38 \times 10^{-23} J/K \times 300K}{2 \times 4 \times 1.6 \times 10^{-19} J} = 0.97\%$$

2. 假設某一個材料的愛因斯坦溫度為 300K，使用愛因斯坦模型，試計算溫度在 600K 時的 C_v 值。

答： $\hbar\omega_E = k\theta_E = 1.38 \times 10^{-23} J/K \times 300K = 4.14 \times 10^{-21} J$

在 600K 時

$$\frac{\hbar\omega_E}{kT} = \frac{4.14 \times 10^{-21} J}{1.38 \times 10^{-23} J/K \times 600K} = 0.5$$

$$C_v = 3N_0 k \left(\frac{\hbar\omega}{kT}\right)^2 \frac{e^{\hbar\omega/kT}}{(e^{\hbar\omega/kT} - 1)^2}$$

$$= 3 \times 6.023 \times 10^{23}/mol \times 1.38 \times 10^{-23} J/K$$

$$\times (0.5)^2 \times \frac{e^{0.5}}{(0.5 - 1)^2} = 24.42 \frac{J}{mol \cdot K}$$

3. 對於一個費米能量為 4eV 的金屬，試計算其在 300K 的電子熱容。這個值與高溫熱容值 25J/mol·K 的比例如何？

答： (a) $C_v^{el} = \dfrac{\pi^2}{2} Nk \dfrac{T}{T_F}$

$E_F = kT_F$ ，$T_F = \dfrac{E_F}{k} = \dfrac{4eV}{8.62 \times 10^{-5}eV/K} = 46403.7K$

$C_v^{el} = \dfrac{\pi^2}{2} \times 6.023 \times 10^{23}/mol \times 1.38 \times 10^{-23}J/K \times \dfrac{300K}{46043.7K}$

$= 0.265 \dfrac{J}{mol \cdot K}$

(b) 與高溫值 25J/mol·K 的比例為

$\dfrac{0.265}{25} = 1.06\%$

4. 如果一個金屬在 4K 所量得的電子熱容是 6.27×10^{-3}J/mol·K，試求其在費米能量的能位密度。

答： $C_{el} = \dfrac{\pi^2}{3} D(E_F) k^2 T$

$\dfrac{\pi^2}{3} D(E_F) \times (1.38 \times 10^{-23}J/K)^2 \times 4K = 6.27 \times 10^{-3} \dfrac{J}{mol \cdot K}$

$D(E_F) = 2.502 \times 10^{42}/J \cdot mol$

---

5. 對於一個費米能量為 4eV 的金屬，它的電子熱容理論上要在什麼溫度才能等於杜隆－柏蒂定律的值？

答： $C_v^{el} = \dfrac{\pi^2}{2} Nk \dfrac{T}{T_F} = 3Nk = 25J/mol \cdot K$

$T_F = \dfrac{E_F}{k} = \dfrac{4eV}{8.62 \times 10^{-5} eV/K} = 46403.7K$

$\therefore T = \dfrac{6T_F}{\pi^2} = \dfrac{6 \times 46403.7K}{\pi^2} = 28210K$

---

6. 某一個金屬，其電子密度為 $5 \times 10^{28}/m^3$，電子弛豫時間 $\tau = 3 \times 10^{-14}s$，試計算其室溫下的熱導率。

答： 假設該金屬的熱導率大部份由電子熱導率決定

$K = \dfrac{1}{3} C_{el} v l = \dfrac{1}{3} \left(\dfrac{\pi^2}{2} nk \dfrac{T}{T_F} \right) \cdot v_F \cdot l_F = \dfrac{1}{3} \cdot \dfrac{\pi^2 nk^2 T}{2E_F} \cdot v_F \cdot v_F \tau$

$= \dfrac{\pi^2 nk^2 T}{6E_F} \cdot \dfrac{2E_F}{m} \cdot \tau = \dfrac{\pi^2 nk^2 T\tau}{3m}$

$= \dfrac{\pi^2 \times 5 \times 10^{28}/m^3 \times (1.38 \times 10^{-23} J/K)^2 \times 300K \times 3 \times 10^{-14}s}{3 \times 9.1 \times 10^{-31} kg}$

$= 309.82 \dfrac{J}{m \cdot s \cdot k}$

單位轉換 $\dfrac{m^{-3} \times \dfrac{J^2}{K^2} \times K \times s}{kg} = \dfrac{J^2 \cdot s}{kg \cdot m^3 \cdot K}$

$= \dfrac{J \cdot (kg \cdot m^2/s^2) \cdot s}{kg \cdot m^3 \cdot K} = \dfrac{J}{m \cdot s \cdot K}$

7. 試從 k_B 和 e 的數量，計算羅倫茲數的值。

答： $\dfrac{K}{\sigma T} = \dfrac{\pi^2}{3} \times \left(\dfrac{k_B}{e}\right)^2 = L$

$L = \dfrac{\pi^2}{3} \times \left(\dfrac{1.38 \times 10^{-23} J/K}{1.6 \times 10^{-19} Coul}\right)^2 = 2.477 \times 10^{-8} \dfrac{J^2}{C^2 \cdot K^2}$

8. 爲什麼介電材料的熱導率要比金屬小兩、三個數量級？

答：因爲金屬的熱導率由電子和聲子的兩部分所組成，即

$K = C_v^{el} v_{el} l_{el} + C_v^{ph} v_{ph} l_{ph}$

而介電材料中沒有自由電子，故熱導率只有聲子熱導率的部分，因此較小。

9. 爲什麼一般材料的熱導率上下只差四個數量級，而一般材料的電導率卻上下相差了約二十五個數量級？

答：熱傳導可以由電子和聲子來完成，而電傳導大部分只能由電子來完成。介質材料因爲缺少自由電子，故電導率很低，材料的電導率因而高低相差很大。

第十一章　金屬的應用

---

1. 有一金屬薄膜，其厚度為 2000Å，塊材的電子自由程為 10 微米，試利用福荷斯模型，計算薄膜電導率與塊材電導率的比例。

答：$t = 2000\text{Å} = 200\text{nm} = 2 \times 10^{-7}\text{m}$

$\lambda_0 = 10\mu\text{m} = 10^{-5}\text{m}$

$k = \dfrac{t}{\lambda_0} = \dfrac{2 \times 10^{-7}\text{m}}{10^{-5}\text{m}} = 0.02 \ll 1$

故在此條件下，本題之薄膜屬於很薄的膜

$\dfrac{\sigma_b}{\sigma_f} = \dfrac{4}{3k \ln\left(\dfrac{1}{k}\right)} = \dfrac{4}{3 \times 0.02 \times \ln\left(\dfrac{1}{0.02}\right)} = 17.04$

$\sigma_f = 0.058\sigma_b$

---

2. 某一個金屬和半導體的接觸，如果形成了蕭基勢壘，而 $\phi_B = 0.5\text{V}$。假設 $A^{**} = 110\text{A/cm}^2 \cdot \text{K}^2$，則接觸的比電阻 R_c 為多少？

答：$R_c = \left(\dfrac{k}{qA^{**}T}\right)e^{q\phi_B/kT}$

$$= \frac{1.38 \times 10^{23} \text{J/K} \times \exp\left(\frac{1.6 \times 10^{-19} \text{Coul} \times 0.5\text{V}}{1.38 \times 10^{-23} \text{J/K} \times 300\text{K}}\right)}{1.6 \times 10^{-19} \text{Coul} \times 110 \frac{\text{A}}{\text{cm}^2 \cdot \text{K}^2} \times 300\text{K}}$$

$$= 0.645\Omega\text{-cm}^2$$

---

3. 蕭基勢壘分別為 0.65V 及 0.25V 的金屬半導體接觸，其比電阻值相差多少？

答：$R_c = \left(\frac{k}{qA^{**}T}\right) e^{q\phi_B/kT}$

$\dfrac{R_{c_1}}{R_{c_2}} = e^{q(\phi_1 - \phi_2)/kT} = \exp\left[\dfrac{1.6 \times 10^{-19} \text{Coul} \times (0.65\text{V} - 0.25\text{V})}{1.38 \times 10^{-23} \text{J/K} \times 300\text{K}}\right]$

$\qquad = 5.17 \times 10^6$

---

4. 如果上述金屬和半導體形成了高摻雜的歐姆接觸，蕭基勢壘仍然維持為 0.65V 及 0.25V，半導體表面層的摻雜濃度為 $10^{19}/\text{cm}^3$，試求其比電阻的比例為多少？

答：$R_c \propto \exp\left[\dfrac{2\sqrt{\epsilon_s m^*}}{\hbar}\left(\dfrac{\phi_{Bn}}{\sqrt{N_D}}\right)\right]$

假定半導體材料為矽，$m^* = m_0$，$10^{19}/\text{cm}^3 = 10^{25}/\text{m}^3$

$\dfrac{2\sqrt{\epsilon_s m^*}}{\hbar}\left(\dfrac{\phi_{Bn}}{\sqrt{N_D}}\right)$

$$= \frac{2 \times (11.9 \times 8.85 \times 10^{-12} F/m \times 9 \times 10^{-31} kg)^{1/2}}{1.054 \times 10^{-34} J \cdot s} \left(\frac{\phi_{Bn}}{\sqrt{10^{25}/m^3}} \right)$$

$$= 58.74 \phi_{Bn}$$

單化之轉化　$\dfrac{(\frac{F}{m} \cdot kg)^{1/2}}{J \cdot s} \cdot \dfrac{V}{m^{-3/2}} = \dfrac{F^{1/2} \cdot kg^{1/2} \cdot V \cdot m}{J \cdot s}$

$$= \frac{\left(\frac{Coul}{V}\right)^{1/2} \cdot kg^{1/2} \cdot V \cdot m}{kg \cdot \frac{m^2}{s^2} \cdot s} = \frac{(Coult \cdot Volt)^{1/2}}{kg^{1/2} \cdot \frac{m}{s}}$$

$$= \frac{J^{1/2}}{J^{1/2}} = 無單位純量$$

$$\frac{R_{c_1}}{R_{c_2}} = \frac{e^{0.65 \times 58.74}}{e^{0.25 \times 58.74}} = e^{58.74 \times 0.4} = 1.602 \times 10^{10}$$

---

5. 在電致移動現象中，鋁在塊材中的擴散活化能為 1.4eV，在晶粒界的擴散活化能為 0.5eV。如果在鋁連線中通過 $10^5 A/cm^2$ 的電流，而平均失效時間方程式中的冪次參數 n 假定為 2。試求因為兩種不同機理而失效的平均時間相差多少？

答：$MTF \propto j^{-n} e^{Q/kT}$

　　$j = 10^5 A/cm^2$，$n = 2$

　　差異項在 $e^{Q/kT}$

　　因此相差 $e^{(1.4 - 0.5)/0.0258} = e^{34.8} = 1.302 \times 10^{15}$ 倍

6. 在電致移動中,假定在鋁連線中通過的電流密度 $J = 10^5 A/cm^2$,連線電阻率 $\rho = 3 \times 10^{-6}\Omega\text{-}cm$,有效離子電荷為 e,如果假設 $D_0 = 10^{-14} cm^2/s$,$Q = 0.5eV$,則理論上在室溫下移動離子的漂移速度為多少?

答: $v = j\rho \dfrac{qZ^*}{kT} D_0 e^{-Q/kT}$

$j = 10^5 A/cm^2$,$\rho = 3 \times 10^{-6}\Omega\text{-}cm$,$Z^* = 1$

$Q = 0.5eV$,$D_0 = 10^{-14} cm^2/s$

$v = 10^5 A/cm^2 \times 3 \times 10^{-6}\Omega \cdot cm \times \dfrac{1.6 \times 10^{-19} Coul \times 1}{1.38 \times 10^{-23} J/K \times 300K} \times$

$10^{-14} cm^2/s \times e^{\frac{-0.5eV}{8.62 \times 10^{-5} eV/K \times 300K}} = 4.65 \times 10^{-22} cm/s$

單位之轉化 $\dfrac{\dfrac{A}{cm^2} \times \Omega \cdot cm \times Coul \cdot cm^2/s}{J}$

$= \dfrac{Volt \cdot Coul \cdot cm}{J \cdot s} = \dfrac{cm}{s}$

第十二章　半導體的應用：p-n 結與雙極型電晶體

1. 對於一個鋁金屬和 n 型矽半導體的接觸。試計算其在 300K 下蕭基勢壘反向電流密度的大小。假設金屬與 n 型半導體的蕭基勢壘符合 $\phi_{Bn} = 0.27\phi_m - 0.55$（伏特）的經驗公式，$\phi_m$ 為金屬的功函數。

答：$\phi_{Bn} = 0.27\phi_m - 0.55$

鋁的功函數約為 4.28V

$$\therefore \phi_{Bn} = 0.27 \times 4.28 - 0.55 = 0.60 \text{ (Volt)}$$

$$J = A^*T^2 \exp\left(-\frac{q\phi_{Bn}}{kT}\right)[e^{qV/kT} - 1]$$

$$A^* = \frac{4\pi q m^* k^2}{h^3}$$

$$= \frac{4\pi \times 1.6 \times 10^{-19}C \times 9.1 \times 10^{-31}kg \times (1.38 \times 10^{-23}J/K)^2}{(6.626 \times 10^{-34}J \cdot s)^3}$$

$$= 1.197 \times 10^6 \frac{A}{m^2 \cdot K^2} = 119.7 \frac{A}{cm^2 \cdot K^2}$$

反向電流為

$$J_r = A^*T^2 \exp\left(-\frac{q\phi_{Bn}}{kT}\right)$$

$$= 1.197 \times 10^6 \frac{A}{m^2 \cdot K^2} \times (300K)^2 \exp\left(-\frac{0.60eV}{0.026eV}\right)$$

$$= 10.23 A/m^2 = 1.02 \times 10^{-3} A/cm^2$$

2. 對於一個矽 p^+-n 結，n- 型區的摻雜濃度為 $N_D = 10^{16}/$ cm^3，設 $\tau_n = \tau_p = 1\mu s$，試計算其反向電流密度的大小。

答：$J = q\left(\dfrac{D_p p_{no}}{L_p} + \dfrac{D_n n_{po}}{L_n}\right)(e^{qV/kT} - 1)$

對於一個 p^+-n 結

$J \cong q\left(\dfrac{D_p p_{no}}{L_p}\right)(e^{qV/kT} - 1)$，$n_{no} \cong N_D = 10^{16}/cm^3$

$p_{no}n_{no} = n_i^2 = (1.45 \times 10^{10}/cm^3)^2 = p_{no} \times 10^{16}/cm^3$

$p_{no} = 2.1 \times 10^4/cm^3$

$D_p = \mu_p \dfrac{kT}{q} = 400 cm^2/V \cdot s \times 0.026V = 10.4 cm^2/s$

$L_p = \sqrt{D_p \tau_p} = (10.4 cm^2/s \times 10^{-6}s)^{1/2} = 3.22 \times 10^{-3} cm$

$J_r = q\dfrac{D_p p_{no}}{L_p} = 1.6 \times 10^{-19} Coul \times \dfrac{10.4 cm^2/s \times 2.1 \times 10^4/cm^3}{3.22 \times 10^{-3} cm}$

$\qquad = 1.08 \times 10^{-11} A/cm^2$

3. 如果 n 型矽半導體的摻雜程度由 $2 \times 10^{15}/cm^3$ 上升到 $3 \times 10^{18}/cm^3$，其功函數差異有多少？

答：$n = N_c \exp\left(-\dfrac{E_c - E_F}{kT}\right)$

$E_c - E_F = kT \ln \dfrac{N_C}{n} = kT \ln \dfrac{N_C}{N_D}$，$N_C = 2.8 \times 10^{19}/cm^3$

功函數之差爲二者 E_F 之差

對於　$N_D = 2 \times 10^{15}/cm^3$，

$$E_c - E_F = kT \ln \frac{2.8 \times 10^{19}}{2 \times 10^{15}} = 0.246eV$$

對於　$N_D = 3 \times 10^{18}/cm^3$，$E_c - E_F = kT \ln \frac{2.8 \times 10^{19}}{3 \times 10^{18}} = 0.057eV$

二者之差爲　$0.246eV - 0.057eV = 0.189eV$

---

4. 某金屬的功函數是 5eV，試計算該金屬與 n 型矽半導體的理想蕭基勢壘在零電壓下的電容。矽的摻雜濃度爲 $10^{16}/cm^3$，溫度爲 300K。

答：$C = \dfrac{\epsilon_s}{W}$，$W = \sqrt{\dfrac{2\epsilon_s}{qN_D}(V_{bi} - V)}$

$n = n_i \, e^{(E_F - E_i)/kT} \cong N_D$

$E_F - E_i = kT \ln \dfrac{10^{16}}{1.45 \times 10^{10}} = 0.347eV$，

矽的電子親和勢爲 4.05V

$\phi_s = \chi + \left(\dfrac{E_g}{2q} - 0.347V \right) = 4.05V + \left(\dfrac{1.12}{2}V - 0.347V \right) = 4.263V$

$V_{bi} = \phi_m - \phi_s = 5V - 4.263V = 0.737V$

$W = \left(\dfrac{2 \times 11.9 \times 8.85 \times 10^{-14}F/cm \times 0.737V}{1.6 \times 10^{-19}C \times 10^{16}/cm^3} \right)^{1/2} = 3.11 \times 10^{-5}cm$

單位之轉化 $\left(\dfrac{\dfrac{F}{cm} \times V}{C \times \dfrac{1}{cm^3}} \right)^{1/2} = cm$

$C = \dfrac{\epsilon_s}{W} = \dfrac{11.9 \times 8.85 \times 10^{-14} F/cm}{3.11 \times 10^{-5} cm} = 3.38 \times 10^{-8} F/cm^2$

---

5. 一個矽 p^+-n 結，其 n 型區域的摻雜濃度為 $N_D = 10^{16}/cm^3$，其截面積為 $10^{-4} cm^2$。設 $\tau_p = 1\mu s$，$D_p = 10 cm^2/s$，試求 p-n 結在正向偏壓為 0.8V 時的電流。

答：矽 p^+-n 結，$N_D = 10^{16}/cm^3$，面積 $= 10^{-4} cm^2 = A$

$\tau_p = 1\mu s$，$D_p = 10 cm^2/s$，

$$p_{no} = \dfrac{n_i^2}{N_D} = \dfrac{(1.45 \times 10^{10}/cm^3)^2}{10^{16}/cm^3} = 2.10 \times 10^4/cm^3$$

$$L_p = \sqrt{D_p \tau_p}$$

$$I = qA \left(\dfrac{D_p p_{no}}{L_p} + \dfrac{D_n n_{po}}{L_n} \right) (e^{qV/kT} - 1) \cong qA \dfrac{D_p p_{no}}{L_p} (e^{qV/kT} - 1)$$

$$= 1.6 \times 10^{-19} Coul \times 10^{-4} cm^2 \times \dfrac{10 cm^2/s \times 2.1 \times 10^4/cm^3}{(10 cm^2/s \times 10^{-6} s)^{1/2}}$$

$$\times (e^{0.8/0.0258} - 1) = 1.06 \times 10^{-15} \times 2.927 \times 10^{13} Amp$$

$$= 3.1 \times 10^{-2} Ampere$$

6. 一個矽 p^+-n 結，其 n 型區域的摻雜濃度爲 $N_D = 10^{16}/cm^3$，其截面積爲 $10^{-3}cm^2$。試計算在反向偏壓 5V 時的結電容。

答：$C_j = \dfrac{A\,\epsilon_s}{W} = A\sqrt{\dfrac{q\,\epsilon_s N}{2(V_{bi} - V)}}$

$V_{bi} = \dfrac{kT}{q} \ln \dfrac{N_A N_D}{n_i^2}$ 但此處不確知 N_A 値。

V_{bi} 亦爲 p^+-n 結在熱平衡時兩邊 E_i 能位之差，在 p^+ 邊，假設 E_F 與 E_c 重合，故 E_i 在 E_F 上 $\dfrac{E_g}{2}$。在 n 一邊，

$E_F - E_i = kT \ln \dfrac{N_D}{n_i} = kT \ln \dfrac{10^{16}}{1.45 \times 10^{10}} = 0.347eV$

∴ $V_{bi} = 0.56V + 0.347V = 0.907V$

$C_j = A\sqrt{\dfrac{q\,\epsilon_s N}{2(V_{bi} - V)}}$

$= 10^{-3}m^2 \times \left[\dfrac{1.6 \times 10^{-19}Coul \times 11.9 \times 8.85 \times 10^{-14}F/cm \times 10^{16}/cm^3}{2(0.907 + 5)V}\right]^{1/2}$

$= 1.19 \times 10^{-11}Farad$

7. 試證一個 p-n-p 電晶體的射極發射效率 γ 可以寫成

$$\gamma = \left[1 + \dfrac{n_E}{p_B} \dfrac{D_E}{D_B} \dfrac{L_B}{L_E} \tanh\left(\dfrac{W}{L_B}\right)\right]^{-1}$$

答：根據（12.84）式，射極和基極的 p-n 結為正向偏壓 $V_{EB} > 0$，

而讓集極與基極之 $V_{CB} = 0$，則依射極發射效率 γ 之定義

$$\gamma = \frac{Aq\dfrac{D_B p_B}{L_B}\coth\left(\dfrac{W}{L_B}\right)(e^{qV_{EB}/kT} - 1)}{Aq\dfrac{D_B p_B}{L_B}\coth\left(\dfrac{W}{L_B}\right)(e^{qV_{EB}/kT} - 1) + Aq\dfrac{D_E n_E}{L_E}(e^{qV_{EB}/kT} - 1)}$$

$$= \frac{\dfrac{D_B p_B}{L_B}\coth\left(\dfrac{W}{L_B}\right)}{\dfrac{D_B p_B}{L_B}\coth\left(\dfrac{W}{L_B}\right) + \dfrac{D_E n_E}{L_E}} = \frac{1}{1 + \dfrac{D_E n_E}{L_E}\cdot\dfrac{L_B}{D_B p_B}\tanh\left(\dfrac{W}{L_B}\right)}$$

$$= \frac{1}{1 + \dfrac{n_E}{p_B}\dfrac{D_E}{D_B}\dfrac{L_B}{L_E}\tanh\left(\dfrac{W}{L_B}\right)}$$

---

8. 一個 n-p-n 電晶體，其射極、基極和集極的摻雜濃度分別為 $10^{19}/cm^3$、$5\times10^{17} cm^3$ 和 $10^{15}/cm^3$。基極的寬度為 $0.7\mu m$，基極的少數載子擴散長度假設為 $20\mu m$，射極的少數載子擴散長度假設為 $2\mu m$，試計算電晶體的發射效率、基極區運輸因子及電流放大倍數。

答：(a)（12.86）式為對 pnp 電晶體之公式。對於 npn 電晶體，射極發射效率 γ 應可寫為：

$$\gamma = \frac{1}{1 + \dfrac{p_E}{n_B}\dfrac{D_E}{D_B}\dfrac{L_B}{L_E}\tanh\left(\dfrac{W}{L_B}\right)}$$

在射極區 $p_E \times 10^{19}/cm^3 = n_i^2$，

$$p_E = \frac{(1.45 \times 10^{10}/cm^3)^2}{10^{19}/cm^3} = 21.02/cm^3$$

在基極區　$n_B \times 5 \times 10^{17}/cm^3 = n_i^2$，

$$n_B = \frac{(1.45 \times 10^{10}/cm^3)^2}{5 \times 10^{17}/cm^3} = 420.5/cm^3$$

$$\frac{p_E}{n_B} = \frac{\dfrac{n_i^2}{10^{19}}}{\dfrac{n_i^2}{5 \times 10^{17}}} = 0.05$$

$$\frac{D_E}{D_B} = \frac{\mu_{pE}\dfrac{kT}{q}}{\mu_{nB}\dfrac{kT}{q}} = \frac{\mu_{pE}}{\mu_{nB}} = \frac{90cm^2/V \cdot s}{450cm^2/V \cdot s} = 0.2$$

（此處之遷移率值依假設的摻雜濃度不同而改變，需查表
得知）

依題意，$L_B = 20\mu m$，$L_E = 2\mu m$

$$\gamma = \frac{1}{1 + 0.05 \times 0.2 \times \dfrac{20}{2} \times \tanh\left(\dfrac{0.7}{20}\right)} = \frac{1}{1 + 0.00349} = 0.9965$$

(b) $\alpha_T = \dfrac{1}{\cosh\left(\dfrac{W}{L_B}\right)} \cong 1 - \dfrac{W^2}{2L_B^2} = 1 - \dfrac{0.7^2}{2 \times 20^2} = 0.99938$

(c) $\alpha = \gamma\alpha_T = 0.9965 \times 0.99938 = 0.99588$

$$\beta = \frac{\alpha}{1 - \alpha} = \frac{1}{\dfrac{1}{\alpha} - 1} = 242$$

> **9.** 一個 n-p-n 電晶體，射極和基極區的摻雜濃度分別為 $10^{19}/cm^3$ 和 $7 \times 10^{17}/cm^3$。基極區少數載子的擴散係數是 $7cm^2/s$，$\tau_n = 10^{-6}s$，基極區寬度是 $0.8\mu m$。射極區少數載子擴散係數是 $0.5cm^2/s$，$\tau_p = 10^{-8}s$。試求電晶體的 γ、α 和 β 等參數的值。

答：(a) $\gamma = \dfrac{1}{1 + \dfrac{p_E}{n_B} \dfrac{D_E}{D_B} \dfrac{L_B}{L_E} \tanh\left(\dfrac{W}{L_B}\right)}$

$$\frac{p_E}{n_B} = \frac{\dfrac{n_i^2}{10^{19}}}{\dfrac{n_i^2}{7 \times 10^{17}}} = \frac{7 \times 10^7}{10^{19}} = 0.07$$

$$\frac{D_E}{D_B} = \frac{0.5}{7} = 0.071$$

$$\frac{L_B}{L_E} = \frac{\sqrt{D_B \tau_B}}{\sqrt{D_E \tau_E}} = \left(\frac{7cm^2/s \times 10^{-6}s}{0.5cm^2/s \times 10^{-8}s}\right)^{1/2} = 37.42$$

$$\tanh\left(\frac{W}{L_B}\right) = \tanh\left(\frac{0.8 \times 10^{-4}cm}{\sqrt{7cm^2/s \times 10^{-6}s}}\right) = \tanh(3.023 \times 10^{-2})$$
$$= 3.0228 \times 10^{-2}$$

$$L_B = (7cm^2/s \times 10^{-6}s)^{1/2} = 2.6457 \times 10^{-3}cm$$

$$\gamma = \frac{1}{1 + 5.6217 \times 10^{-3}} = 0.9944$$

(b) $\alpha_T = \dfrac{1}{\cosh\left(\dfrac{W}{L_B}\right)} = \dfrac{1}{\cosh\left(\dfrac{0.8\mu m}{26.457\mu m}\right)}$

$$= \frac{1}{\cosh(3.023 \times 10^{-2})} = 0.99954$$

(c) $\alpha = \gamma\alpha_T = 0.9939$

$$\beta = \frac{\alpha}{1-\alpha} = \frac{1}{\dfrac{1}{\alpha}-1} = 163$$

第十三章　半導體的應用：場效電晶體與電荷耦合元件

1. 一個矽半導體，n 溝道的 JFET，如果溝道摻雜濃度 N_D = $10^{16}/cm^3$，溝道深度 a = 1μm，其截斷電壓為多少？如果溝道深度減半，其截斷電壓為多少？

答：(a) $V_p = \dfrac{qN_Da^2}{2\epsilon_s}$

$$= \frac{1.6 \times 10^{-19}C \times 10^{16}/cm^3 \times (10^{-4}cm)^2}{2 \times 11.9 \times 8.85 \times 10^{-14}F/cm} = 7.596V$$

(b) $V_p = \dfrac{qN_Da^2}{2\epsilon_s}$

$$= \frac{1.6 \times 10^{-19}C \times 10^{16}/cm^3 \times (0.5 \times 10^{-4}cm)^2}{2 \times 11.9 \times 8.85 \times 10^{-14}F/cm} = 1.899V$$

2. 一個 n 溝道矽半導體 JFET，N_A = $10^{18}/cm^3$，N_D = $10^{16}/cm^3$，假設溝道深度 a = 0.5μm，試求其截斷電壓 V_p 和開啟電壓 V_T。

答：(a) N_A = $10^{18}/cm^3$，N_D = $10^{16}/cm^3$

$$V_p = \frac{qN_Da^2}{2\epsilon_s}$$

$$= \frac{1.6 \times 10^{-19}C \times 10^{16}/cm^3 \times (0.5 \times 10^{-4}cm)^2}{2 \times 11.9 \times 8.85 \times 10^{-14}F/cm} = 1.899V$$

(b) $V_T = V_{bi} - V_p$

$$V_{bi} = \frac{kT}{q} \ln \frac{N_A N_D}{n_i^2} = 0.0258V \times \ln \frac{10^{16} \times 10^{18}}{(1.45 \times 10^{10})^2} = 0.8125V$$

$$V_T = 0.812V - 1.899V = -1.086V$$

---

3. 一 個 n 溝 道 矽 半 導 體 JFET，$N_A = 10^{18}/cm^3$，$N_D = 2 \times 10^{16}/cm^3$，如果需要 $V_T = 0.5V$，則 a 值應該要取多少才能達到這一設計目標？

答：$V_T = V_{bi} - V_p$

$$V_{bi} = \frac{kT}{q} \ln \frac{N_A N_D}{n_i^2} = 0.0258V \times \ln \frac{10^{18} \times 2 \times 10^{16}}{(1.45 \times 10^{10})^2} = 0.83V$$

$$V_T = 0.5V = 0.83V - \frac{qN_D a^2}{2\epsilon_s}$$

$$= 0.83V - \frac{1.6 \times 10^{-19}C \times 2 \times 10^{16}/cm^3 \times a^2}{2 \times 11.9 \times 8.85 \times 10^{-14}F/cm}$$

$$a = 1.473 \times 10^{-5}cm = 0.147\mu m$$

---

4. 考慮一個 n 溝道矽 JFET，$N_A = 10^{18}/cm^3$，$N_D = 10^{16}/cm^3$，$a = 0.75\mu m$，$L = 2\mu m$，$Z = 30\mu m$，$\mu_n = 1200cm^2/V \cdot s$，溫度為 300K，試求在 $V_G = 0$ 時的最大電流。

答：$V_p = \dfrac{qN_D a^2}{2\epsilon_s}$

$\quad = \dfrac{1.6 \times 10^{-19}C \times 10^{16}/cm^3 \times (0.75 \times 10^{-4}cm)^2}{2 \times 11.9 \times 8.85 \times 10^{-14}F/cm} = 4.27V$

$V_{bi} = \dfrac{kT}{q} \ln \dfrac{N_A N_D}{n_i^2} = 0.0258V \times \ln \dfrac{10^{18} \times 10^{16}}{(1.45 \times 10^{10})^2} = 0.812V$

$I_p = \dfrac{Z\mu_n q^2 N_D^2 a^3}{\epsilon_s L}$

$\quad = \dfrac{30 \times 10^{-4}cm \times 1200cm^2/V \cdot s \times (1.6 \times 10^{-19}C)^2}{11.9 \times 8.85 \times 10^{-14}F/cm \times 2 \times 10^{-4}cm}$

$\quad \underline{\times (10^{16}/cm^3)^2 \times (0.75 \times 10^{-4}cm)^3} = 1.845 \times 10^{-2}A$

最大電流為 I_{Dsat}，依（13.17）式，$V_G = 0$

$I_{Dsat} = I_p \left[\dfrac{1}{3} - \dfrac{V_{bi}}{V_p} + \dfrac{2}{3} \left(\dfrac{V_{bi}}{V_p} \right)^{3/2} \right]$

$\quad = 1.845 \times 10^{-2}A \times \left[\dfrac{1}{3} - \dfrac{0.812}{4.27} + \dfrac{2}{3} \left(\dfrac{0.812}{4.27} \right)^{3/2} \right]$

$\quad = 1.845 \times 10^{-2}A \times \left[\dfrac{1}{3} - 0.1901 + 5.528 \times 10^{-2} \right]$

$\quad = 3.66 \times 10^{-3}A$

---

5. 一個 n 溝道砷化鎵 MESFET，金屬柵極的蕭基勢壘高度為 $\phi_{Bn} = 0.89V$。溝道的摻雜濃度為 $4 \times 10^{15}/cm^3$，溝道深度為 $0.5\mu m$。試求其截斷電壓和開啟電壓。

答：$V_p = \dfrac{qN_Da^2}{2\epsilon_s}$

$= \dfrac{1.6 \times 10^{-19}C \times 4 \times 10^{15}/cm^3 \times (0.5 \times 10^{-4}cm)^2}{2 \times 13.1 \times 8.85 \times 10^{-14}F/cm} = 0.690V$

$V_{bi} = \phi_{Bn} - \dfrac{(E_c - E_F)}{q}$

$E_c - E_F = kT \ln \dfrac{N_C}{N_D} = kT \ln \dfrac{4.7 \times 10^{17}}{4 \times 10^{15}} = 0.1229V$

$V_{bi} = \phi_{Bn} - \dfrac{(E_c - E_F)}{q} = 0.89V - 0.1229V = 0.767V$

$V_T = V_{bi} - V_p = 0.767V - 0.690V = 0.077V$

---

6. 一個矽半導體 n 溝道的 JFET，$N_A = 10^{18}/cm^3$，$N_D = 10^{15}/cm^3$，$a = 0.6\mu m$。如果在零漏極電壓時要得到上下各為 $0.1\mu m$ 厚的溝道區，試計算這時所需要的柵極電壓。

答：$V_{bi} = \dfrac{kT}{q} \ln \dfrac{N_AN_D}{n_i^2} = 0.0258V \times \ln \dfrac{10^{18} \times 10^{15}}{(1.45 \times 10^{10})^2} = 0.753V$

$V_p = \dfrac{qN_Da^2}{2\epsilon_s}$

$= \dfrac{1.6 \times 10^{-19}C \times 10^{15}/cm^3 \times (0.6 \times 10^{-4}cm)^2}{2 \times 11.9 \times 8.85 \times 10^{-14}F/cm} = 0.273V$

需要 $0.1\mu m$ 的溝道區 $W = 0.6\mu m - 0.1\mu m = 0.5\mu m$，同時 $V_D = 0$

依（13.6）式，可以化為

$V_G = V_{bi} - \dfrac{qN_DW^2}{2\epsilon_s}$

$$= 0.753\text{V} - \frac{1.6 \times 10^{-19}\text{C} \times 10^{15}/\text{cm}^3 \times (0.5 \times 10^{-4}\text{cm})^2}{2 \times 11.9 \times 8.85 \times 10^{-14}\text{F/cm}}$$

$$V_G = 0.753\text{V} - 0.1899\text{V} = 0.563\text{V}$$

---

7. 一個砷化鎵半導體 MESFET，金柵極的蕭基勢壘 $\phi_{Bn} = 0.89\text{V}$，$a = 0.6\mu\text{m}$，溝道寬 $Z = 10\mu\text{m}$，溝道長 $L = 2\mu\text{m}$，$\mu_n = 5000\text{cm}^2/\text{V} \cdot \text{s}$，溝道摻雜濃度 $N_D = 10^{16}/\text{cm}^3$。試計算在 $V_D = 1\text{V}$，$V_G = 0\text{V}$ 時的電流。

答：$V_{bi} = \phi_{Bn} - \dfrac{(E_c - E_F)}{q}$

$E_c - E_F = kT \ln \dfrac{N_c}{N_D} = 0.0258\text{eV} \times \ln \dfrac{4.7 \times 10^{17}}{10^{16}} = 0.099\text{eV}$

$V_{bi} = 0.89\text{V} - 0.099\text{V} = 0.791\text{V}$

$V_p = \dfrac{qN_D a^2}{2\epsilon_s}$

$\quad = \dfrac{1.6 \times 10^{-19}\text{C} \times 10^{16}/\text{cm}^3 \times (0.5 \times 10^{-4}\text{cm})^2}{2 \times 13.1 \times 8.85 \times 10^{-14}\text{F/cm}} = 2.484\text{V}$

$I_p = \dfrac{Z\mu_n q^2 N_D^2 a^3}{\epsilon_s L}$

$\quad = \dfrac{10 \times 10^{-4}\text{cm} \times 5000\text{cm}^2/\text{V} \cdot \text{s} \times (1.6 \times 10^{-19}\text{C})^2}{13.1 \times 8.85 \times 10^{-14}\text{F/cm} \times 2 \times 10^{-4}\text{cm}}$

$\quad \dfrac{\times (10^{16}/\text{cm}^3)^2 \times (0.6 \times 10^{-4}\text{cm})^3}{} = 1.19 \times 10^{-2}\text{A}$

對於 MESFET，$V_D = 1\text{V}$，$V_G = 0\text{V}$

$$I_D = \frac{I_p}{2}\left[\frac{V_D}{V_p} - \frac{2}{3}\left(\frac{V_D - V_G + V_{bi}}{V_p}\right)^{3/2} + \frac{2}{3}\left(\frac{V_{bi} - V_G}{V_p}\right)^{3/2}\right]$$

$$= \frac{0.0119}{2}\left[\frac{1}{2.484} - \frac{2}{3}\left(\frac{1+0.791}{2.484}\right)^{3/2} + \frac{2}{3}\left(\frac{0.791}{2.484}\right)^{3/2}\right]$$

$$= \frac{0.0119}{2}[0.4025 - 0.408 + 0.1198] = 0.68 \times 10^{-4}\text{A}$$

---

8. 考慮一個 MOS 形式的電容器，電極由 n^+- 多晶矽所組成，氧化層的厚度為 500Å，基片為 p- 型矽，摻雜濃度 $N_A = 10^{16}/\text{cm}^3$。氧化層的總和表面電荷 $Q_{ss}/q = 5 \times 10^{10}/\text{cm}^2$。試求此 MOS 電容器的平帶電壓 V_{FB}。

答：$V_{FB} = \phi_{ms} - \dfrac{Q_{ss}}{C_0}$

電極為 n^+- 多晶矽，E_F 在 E_C 的位置，故

$$q\phi_{ms} = q\,(\phi_m - \phi_s) = -\left[\frac{E_g}{2} + (E_i - E_F)\right]$$

因 $p = n_i\,e^{(E_i - E_F)/kT}$

$$E_i - E_F = kT\ln\frac{p}{n_i} = kT\ln\frac{10^{16}}{1.45 \times 10^{10}} = 0.347\text{V}$$

$$\phi_{ms} = -\left[\frac{1.12}{2} + 0.347\right] = -0.906\text{V}$$

$$C_0 = \frac{\epsilon_r\,\epsilon_0}{t} = \frac{3.9 \times 8.85 \times 10^{-14}\text{F/cm}}{500 \times 10^{-8}\text{cm}} = 6.9 \times 10^{-8}\text{F/cm}^2$$

$$V_{FB} = -0.906\text{V} - \frac{5 \times 10^{10}/\text{cm}^2 \times 1.6 \times 10^{-19}\text{C}}{6.9 \times 10^{-8}\text{F/cm}^2}$$

$$= -0.906\text{V} - 0.115\text{V} = -1.021\text{V}$$

9. 一個矽半導體 n 溝道 MOSFET 元件，柵極為 n^+- 多晶矽，柵極氧化層厚度 200Å，氧化表面總電荷 $Q_{SS}/q = 2 \times 10^{10}/cm^2$，基片摻雜濃度 $N_A = 10^{16}/cm^3$。試求金氧半電晶體的開啟電壓 V_T。

答： $V_T = \phi_{ms} - \dfrac{Q_0}{C_0} - \dfrac{Q_d}{C_0} + 2\psi_B$

$$C_0 = \frac{\epsilon_r \epsilon_0}{t} = \frac{3.9 \times 8.85 \times 10^{-14}\text{F/cm}}{200 \times 10^{-8}\text{cm}} = 1.725 \times 10^{-7}\text{F/cm}^2$$

$$\phi_{ms} = \phi_m - \phi_s = -\left[\frac{E_g}{2q} + \frac{(E_i - E_F)}{q}\right]$$

$$E_i - E_F = kT \ln \frac{N_A}{n_i} = 0.0258\text{eV} \times \ln \frac{10^{16}}{1.45 \times 10^{10}} = 0.347\text{eV}$$

$$\psi_B = 0.347\text{V}$$

$$\phi_{ms} = -\left(\frac{1.12}{2} + 0.347\right) = -0.907\text{V}$$

$$Q_d = -qN_AW = -2(\epsilon_s q N_A \psi_B)^{1/2}$$
$$= -2(11.9 \times 8.85 \times 10^{-14}\text{F/cm} \times 1.6 \times 10^{-19}\text{C} \times 10^{16}/\text{cm}^3 \times$$
$$0.347\text{V})^{1/2} = -4.836 \times 10^{-8}\text{C/cm}^2$$

$$\therefore V_T = -0.907\text{V} - \frac{2 \times 10^{10}/\text{cm}^2 \times 1.6 \times 10^{-19}\text{C}}{1.725 \times 10^{-7}\text{F/cm}^2}$$

$$- \frac{(-4.836 \times 10^{-8}\text{C/cm}^2)}{1.725 \times 10^{-7}\text{F/cm}^2} + 2 \times 0.347\text{V}$$

$$= -0.907\text{V} - 0.0185\text{V} + 0.2803\text{V} + 0.694\text{V} = 0.049\text{V}$$

10. 考慮一個鋁金屬柵極的矽半導體 PMOS，n 型半導體基片的摻雜濃度為 $N_D = 10^{15}/cm^3$，柵極氧化層厚度 $t_{ox} = 500Å$，氧化層表面總電荷 $Q_{ss}/q = 10^{10}/cm^2$。假設鋁的功函數為 4.35eV，矽的電子親和能為 4.05eV。試求電晶體的開啟電壓 V_T。

答：$\phi_{ms} = \phi_m - \phi_s = \phi_m - \left[\chi + \dfrac{E_g}{2q} - \left(\dfrac{E_F - E_i}{q} \right) \right]$，$\phi_m = 4.35V$，$\chi_{si} = 4.05V$

$E_F - E_i = kT \ln \dfrac{N_D}{n_i} = 0.0258eV \ln \dfrac{10^{15}}{1.45 \times 10^{10}} = 0.287eV$

$\psi_B = \dfrac{E_i - E_F}{q} = -0.287V$

$\phi_{ms} = 4.35V - (4.05 + 0.56 - 0.287)V = 0.027V$

$C_0 = \dfrac{\epsilon_r \epsilon_0}{t} = \dfrac{3.9 \times 8.85 \times 10^{-14}F/cm}{500 \times 10^{-8}cm} = 6.9 \times 10^{-8}F/cm^2$

$Q_d = qN_D W = \sqrt{2qN_D \epsilon_s |2\psi_B|} = 2\sqrt{qN_D \epsilon_s |\psi_B|}$

$\quad = 2(1.6 \times 10^{-19}C \times 10^{15}/cm^3 \times 11.9 \times 8.85 \times 10^{-14}F/cm \times$

$\quad 0.287V)^{1/2} = 1.39 \times 10^{-8}C/cm^2$

$\therefore V_T = \phi_{ms} - \dfrac{Q_0}{C_0} - \dfrac{Q_d}{C_0} + 2\psi_B$

$\quad = 0.027V - \dfrac{10^{10}/cm^2 \times 1.6 \times 10^{-19}C}{6.9 \times 10^{-8}F/cm^2} - \dfrac{1.39 \times 10^{-8}C/cm^2}{6.9 \times 10^{-8}F/cm^2}$

$\quad + 2(-0.287)V = 0.027V - 0.02318V - 0.2014V - 0.574V$

$\quad = -0.771V$

⑪ 考慮一個鋁金屬柵極的 MOS 電容器，基片 p 型矽的摻雜濃度為 $5 \times 10^{15}/cm^3$，氧化層厚度 $t_{ox} = 300Å$。試計算：(a) 堆積狀態的電容 C_{ox}，(b) 電容的極小值 C_{min}，(c) 平帶狀態下的電容 C_{FB}。

答：(a) $C_{ox} = \dfrac{\epsilon_r \epsilon_0}{t} = \dfrac{3.9 \times 8.85 \times 10^{-14} F/cm}{300 \times 10^{-8} cm} = 1.15 \times 10^{-7} F/cm^2$

(b) 在耗盡狀態

$\quad C_{dep} = \dfrac{C_{ox} C_D}{C_{ox} + C_D}$，$C_D$ 為耗盡層的電容

$\quad C_{ox} = \dfrac{\epsilon_{ox}}{t_{ox}}$，$C_D = \dfrac{\epsilon_s}{x_d}$，$x_d$ 為耗盡層的厚度

$\quad \therefore C_{dep} = \dfrac{C_{ox} C_D}{C_{ox} + C_D} = \dfrac{C_{ox}}{1 + \dfrac{C_{ox}}{C_D}} = \dfrac{\dfrac{\epsilon_{ox}}{t_{ox}}}{1 + \dfrac{\epsilon_{ox}/t_{ox}}{\epsilon_s/x_d}} = \dfrac{\epsilon_{ox}}{t_{ox} + \left(\dfrac{\epsilon_{ox}}{\epsilon_s}\right) x_d}$

當 x_d 為極大值時，C_{dep} 有極小值

$\quad x_{d\,max} = \sqrt{\dfrac{2\epsilon_s \psi_s(inv)}{qN_A}} = \sqrt{\dfrac{4\epsilon_s \psi_B}{qN_A}}$

$\quad E_i - E_F = kT \ln \dfrac{N_A}{n_i} = kT \ln \dfrac{5 \times 10^{15}}{1.45 \times 10^{10}} = 0.3289eV$

$\quad \psi_B = 0.3289V$

$\quad X_{d\,max} = \left(\dfrac{4 \times 11.9 \times 8.85 \times 10^{-14} F/cm \times 0.3289V}{1.6 \times 10^{-19}C \times 5 \times 10^{15}/cm^3}\right)^{1/2}$

$\qquad\quad = 4.16 \times 10^{-5} cm$

$$C_{min} = \frac{3.9 \times 8.85 \times 10^{-14} \text{F/cm}}{3 \times 10^{-6} \text{cm} + \frac{3.9}{11.9} \times 4.16 \times 10^{-5} \text{cm}}$$

$$= 2.07 \times 10^{-8} \text{F/cm}^2$$

(c) 可以證明平帶時的耗盡層電容為

$$C_D = \frac{\epsilon_s}{L_D}$$

其中 $L_D = \sqrt{\frac{kT\epsilon_s}{q^2 N_A}}$ 為德拜長度，

$$L_D = \left(\frac{0.0258V \times 11.9 \times 8.85 \times 10^{-14} \text{F/cm}}{1.6 \times 10^{-19} \text{C} \times 5 \times 10^{15}/\text{cm}^3}\right)^{1/2} = 5.82 \times 10^{-6} \text{cm}$$

故平帶電容 C_{FB} 為

$$C_{FB} = \frac{C_{ox} C_D}{C_{ox} + C_D} = \frac{\epsilon_{ox}}{t_{ox} + \frac{\epsilon_{ox}}{\epsilon_s} L_D}$$

$$= \frac{3.9 \times 8.85 \times 10^{-14} \text{F/cm}}{3 \times 10^{-6} \text{cm} + \frac{3.9}{11.9} \times 5.82 \times 10^{-6} \text{cm}}$$

$$= 7.03 \times 10^{-8} \text{F/cm}^2$$

---

12. 考慮一個 n 溝道 MOSFET，一些元件的參數為：$V_T = 0.6V$、$W = 20\mu m$，$L = 1\mu m$、$t_{ox} = 200\text{Å}$、$\mu_n = 600 \text{cm}^2/\text{V} \cdot \text{s}$，試求在 $V_G = 5V$ 時的 I_{Dsat} 電流。

答：$I_{Dsat} = \frac{1}{2} \frac{Z}{L} \mu_n C_0 (V_G - V_T)^2$

$$C_0 = \frac{3.9 \times 8.85 \times 10^{-14} \text{F/cm}}{200 \times 10^{-8} \text{cm}} = 1.725 \times 10^{-7} \text{F/cm}^2$$

$$I_{Dsat} = \frac{1}{2} \times \frac{20}{1} \times 600 \text{cm}^2/\text{V} \cdot \text{s} \times 1.725 \times 10^{-7} \text{F/cm}^2 \times (5 - 0.6)^2 \text{V}^2$$

$$= 2.003 \times 10^{-2} \text{A}$$

13. 在第 9 題中的 NMOS，如果在基片上加上 −2V 的電壓，則開啓電壓的改變ΔV_T 將會是多少？

答：依（13.57）式

$$\Delta V_T = \frac{\sqrt{2 \epsilon_s q N_A}}{C_0} (\sqrt{2\psi_B + V_{SB}} - \sqrt{2\psi_B})$$

$$= \frac{(2 \times 11.9 \times 8.85 \times 10^{-14} \text{F/cm} \times 1.6 \times 10^{-19} \text{C} \times 10^{16}/\text{cm}^3)^{1/2}}{1.725 \times 10^{-7} \text{F/cm}^2}$$

$$\times (\sqrt{2 \times 0.347 + 2} - \sqrt{2 \times 0.347}) \text{ V}^{1/2}$$

$$= 0.3365 \times (1.641 - 0.833) \text{V} = 0.271 \text{V}$$

14. 一個 MOS 電容器具有下列的參數：基片的摻雜濃度 N_A $= 10^{15}/\text{cm}^3$，$V_{FB} = 1.5\text{V}$，$t_{ox} = 500\text{Å}$。試求其：(a) 氧化層電容，(b) 在 $V_G = 10\text{V}$ 時的表面電位 ϕ_s，(c) 耗盡層的寬度，(d) 耗盡層的電荷 Q_d。

答：(a) $C_0 = \dfrac{3.9 \times 8.85 \times 10^{-14}\text{F/cm}}{500 \times 10^{-8}\text{cm}} = 6.9 \times 10^{-8}\text{F/cm}^2$

(b) $\phi_s = V_G' + V_0 - (2V_G'V_0 + V_0^2)^{1/2}$

$V_G' = V_G - V_{FB} = 10\text{V} - 1.5\text{V} = 8.5\text{V}$

$V_0 = \dfrac{\epsilon_s q N_A}{C_0^2}$

$\quad = \dfrac{11.9 \times 8.85 \times 10^{-14}\text{F/cm} \times 1.6 \times 10^{-19}\text{C} \times 10^{15}/\text{cm}^3}{(6.9 \times 10^{-8}\text{F/cm}^2)^2}$

$\quad = 0.035\text{V}$

$\phi_s = 8.5\text{V} + 0.035\text{V} - [2 \times 8.5\text{V} \times 0.035\text{V} + (0.035\text{V})^2]^{1/2}$

$\quad = 7.76\text{V}$

(c) $W = \left(\dfrac{2\epsilon_s \phi_s}{q N_A}\right)^{1/2} = \left(\dfrac{2 \times 11.9 \times 8.85 \times 10^{-4}\text{F/cm} \times 7.76\text{V}}{1.6 \times 10^{-19}\text{C} \times 10^{15}/\text{cm}^3}\right)^{1/2}$

$\quad = 3.196 \times 10^{-4}\text{cm}$

(d) $Q_d = -q N_A W = -1.6 \times 10^{-19}\text{C} \times 10^{15}/\text{cm}^3 \times 3.196 \times 10^{-4}\text{cm}$

$\quad = -5.11 \times 10^{-8}\text{Coul/cm}^2$

---

15. 在第 14 題的電容器中，試計算電極與基片之間的電容。

答：$C_D = \dfrac{\epsilon_s \epsilon_0}{W} = \dfrac{11.9 \times 8.85 \times 10^{-14}\text{F/cm}}{3.196 \times 10^{-4}\text{cm}} = 3.29 \times 10^{-19}\text{F/cm}^2$

$C_{GS} = \dfrac{C_0 C_D}{C_0 + C_D} = \dfrac{C_0}{1 + \dfrac{C_0}{C_D}}$

$\quad = \dfrac{6.9 \times 10^{-8}\text{F/cm}^2}{1 + \dfrac{6.9 \times 10^{-8}}{3 \times 10^{-9}}} = 3.14 \times 10^{-9}\text{F/cm}^2$

16. 考慮一個電荷耦和元件，是 n 溝道的 CCD，製作在 p-型基片上，基片的摻雜濃度是 $10^{15}/cm^3$，氧化層的厚 t_{ox} = 1000Å，電極的面積為 10μm×10μm，試計算：(a) 當 V_G = 15V 時的表面電位 ϕ_s 和耗盡層寬度 W，假定 V_{FB} = 1.5V，(b) 當這個面積的 CCD 單元引進 10^6 個電子後，再計算其表面電位和耗盡層寬度。

答：(a) $V_G' = V_G - V_{FB} - \dfrac{Q_{sig}}{C_0}$

當沒有記號電荷，$Q_{sig} = 0$ 時

$V_G' = V_G - V_{FB} = 15V - 1.5V = 13.5V$

$V_0 = \dfrac{\epsilon_s q N_A}{C_0^2}$ ，

$C_0 = \dfrac{3.9 \times 8.85 \times 10^{-14} F/cm}{1000 \times 10^{-8} cm} = 3.45 \times 10^{-8} F/cm^2$

$V_0 = \dfrac{11.9 \times 8.85 \times 10^{-14} F/cm \times 1.6 \times 10^{-19}C \times 10^{15}/cm^3}{(3.45 \times 10^{-8} F/cm^2)^2}$

$\quad = 0.1415V$

$\phi_s = V_G' + V_0 - (2V_G'V_0 + V_0^2)^{1/2}$

$\quad = 13.5V + 0.1415V - (2 \times 13.5 \times 0.1415 + 0.1415^2)^{1/2}V = 11.68V$

$W = \left(\dfrac{2\epsilon_s \phi_s}{qN_A}\right)^{1/2} = \left(\dfrac{2 \times 11.9 \times 8.85 \times 10^{-4} F/cm \times 11.68V}{1.6 \times 10^{-19}C \times 10^{15}/cm^3}\right)^{1/2}$

$\quad = 3.921 \times 10^{-4} cm$

(b) 當引進 10^6 個電子，電荷為

$10^6 \times 1.6 \times 10^{-19}C = 1.6 \times 10^{-13} Coul$

注意 Q_{sig} 應為每單位面積之電荷密度，故

$$Q_{sig} = \frac{1.6 \times 10^{-13}C}{(10 \times 10^{-4}cm)^2} = 1.6 \times 10^{-7}C/cm^2$$

$$V_G' = V_G - V_{FB} - \frac{Q_{sig}}{C_0}$$

$$= 15V - 1.5V - \frac{1.6 \times 10^{-7}C/cm^2}{3.45 \times 10^{-8}F/cm^2} = 8.862V$$

$$\phi_s = 8.862V + 0.1415V - (2 \times 8.862 \times 0.1415 + 0.1415^2)^{1/2}V$$

$$= 7.413V$$

$$W = \left(\frac{2\,\epsilon_s\,\phi_s}{qN_A}\right)^{1/2}$$

$$= \left(\frac{2 \times 11.9 \times 8.85 \times 10^{-4}F/cm \times 7.413V}{1.6 \times 10^{-19}C \times 10^{15}/cm^3}\right)^{1/2}$$

$$= 3.12 \times 10^{-4}cm$$

---

17. 在第 16 題的 n 溝道 CCD 中，如果假設載子是以擴散的機理傳送的，試求一個三相的 CCD 能夠操作的最高時鐘速率。電極之間的距離為 3μm。假設 $\mu_n = 600cm^2/V \cdot s$，並且假定每次傳送的失真率要小於 10^{-4}。

答： (a) L = 5μm + 5μm + 3μm = 13μm

$$D_n = \mu_n \frac{kT}{q} = 600cm^2/V \cdot s \times 0.0258V = 15.48cm^2/s$$

$$\tau_{th} = \frac{4L^2}{\pi^2 D} = \frac{L^2}{2.5D_n} = \frac{(13 \times 10^{-4}cm)^2}{2.5 \times 15.48cm^2/s} = 4.36 \times 10^{-8}s$$

(b) 失眞率小於 10^{-4}，$\epsilon < 10^{-4}$

$Q = Q_0 e^{-t/\tau_{th}}$

即　$\dfrac{Q}{Q_0} = e^{-t/\tau_{th}} < 10^{-4}$

故條件爲　$e^{-t/4.36 \times 10^{-8}} = 10^{-4}$

$\quad t = 4.01 \times 10^{-7}s$

對於一個三相 CCD 所允許的最高頻率爲

$\quad f = \dfrac{1}{3t} = 8.3 \times 10^{5} Hz$

第十四章　半導體的應用：光電元件

(a) 在鍺、矽和砷化鎵三種半導體中，能夠激發電子電洞對的最長光波波長是多少？ (b) 波長 500nm 及 1μm 的光子能量爲多少？

答：(a) 鍺、矽和砷化鎵的能隙分別爲 0.66，1.12 和 1.42eV，因此能夠激發電子電洞對的最長波長爲：

鍺：$\dfrac{1.24}{0.66} = 1.87\mu m$

矽：$\dfrac{1.24}{1.12} = 1.10\mu m$

砷化鎵：$\dfrac{1.24}{1.42} = 0.87\mu m$

(b) $E = h\nu = \dfrac{hc}{\lambda} = \dfrac{6.626 \times 10^{-34} J \cdot s \times 3 \times 10^8 m/s}{\lambda}$

對 500nm 光子，$E = 3.975 \times 10^{-19}J = 2.48eV$

對 1μm 光子，$E = 1.987 \times 10^{-19}J = 1.24eV$

或用簡化公式

$\dfrac{1.24}{\lambda(\text{in } \mu m)} = E(\text{in eV})$

②．用一個光子能量 $h\nu$ 爲 2eV 的單色光照射一片厚度爲 0.5μm 的矽半導體。假設矽的吸收係數 α 爲 $5 \times 10^3 cm^{-1}$，

光的入射功率爲 20mW。試計算 (a) 樣品每單位時間所吸收的總能量，(b) 電子放出來而爲晶格所吸收的多餘熱能功率。

答：(a) 穿過半導體，未吸收的功率爲

$= 20\text{mW} \times \exp(-5 \times 10^3 \text{cm}^{-1} \times 0.5 \times 10^{-4}\text{cm})$

$= 20\text{mW} \times 0.778 = 15.576\text{mW}$

由半導體吸收的功率爲 $= 20\text{mW} - 15.576\text{mW} = 4.423\text{mW}$

(b) 晶格吸收的功率

每一光子除了用 1.12eV 激發電子電洞對外，還餘

$2\text{eV} - 1.12\text{eV} = 0.88\text{eV}$

故多餘熱能功率爲

$4.423\text{mW} \times \dfrac{0.88\text{eV}}{2\text{eV}} = 1.946\text{mW}$

3. 一個矽光敏電導有下面這些參數：長度 $l = 200\mu\text{m}$，截面積 $A = 10^{-4}\text{cm}^2$，$\tau_p = 10^{-5}\text{sec}$，$\mu_e = 1500\text{cm}^2/\text{V} \cdot \text{s}$，$\mu_h = 450\text{cm}^2/\text{V} \cdot \text{s}$，入射光子能量爲 1.4eV，入射光功率爲 $10\mu\text{W}$。如果量子效率爲 0.7，所加電壓爲 10V，試計算 (a) 光電流的大小和 (b) 光敏電導的增益。

答：(a) 載子產生速率 G 爲：

$$G = \frac{\eta(P/h\nu)}{WLD} = \frac{0.7}{10^{-4}cm^2 \times 200 \times 10^{-4}cm} \times \frac{10 \times 10^{-6}watt}{1.4 \times 1.6 \times 10^{-19}J}$$

$$= 1.56 \times 10^{19}/cm^3 \cdot s$$

光電流爲

$$I_{ph} = q \Delta p(\mu_n + \mu_p)EWD$$

$$= qG\tau_p(\mu_n + \mu_p)EWD$$

$$= 1.6 \times 10^{-19}C \times 1.56 \times 10^{19}/cm^3 \cdot s \times 10^{-5}s$$

$$\times (1500 + 450)cm^2/V \cdot s \times \frac{10V}{200 \times 10^{-4}cm} \times 10^{-4}cm^2$$

$$= 2.43 \times 10^{-3}A$$

(b) $gain = \frac{\tau_p}{t_n}(1 + \frac{\mu_p}{\mu_n})$

$$t_n = \frac{L}{\mu_n E} = \frac{200 \times 10^{-4}cm}{1500cm^2/V \cdot s \times \dfrac{10V}{200 \times 10^{-4}cm}} = 2.666 \times 10^{-8}s$$

$$gain = \frac{10^{-5}s}{2.666 \times 10^{-8}s} \times (1 + \frac{450}{1500}) = 487.5$$

---

4. 考慮一個矽 p-i-n 光敏二極體，基片爲 n 型，其本徵區的寬度爲 10μm，設光通量爲 $10^{17}cm^{-2}sec^{-1}$，吸收係數 α $= 5 \times 10^3cm^{-1}$，$D_p = 10cm^2/s$，$\tau_p = 10^{-7}sec$。試計算光電流密度。

答：依（14.18）式

$$J_{total} = J_{dr} + J_{diff} = q\phi(0)(1 - \frac{e^{-\alpha w}}{1 + \alpha L_p}) + q p_{no} \frac{D_p}{L_p}$$

對於 p-i-n 二極體，後一項可以忽略

$$L_p = \sqrt{D_p \tau_p} = (10 cm^2/s \times 10^{-7} s)^{\frac{1}{2}} = 10^{-3} cm$$

$$J_{dr} = 1.6 \times 10^{-19} C \times 10^{17}/cm^2 \cdot s \left(1 - \frac{e^{-5 \times 10^3/cm \times 10 \times 10^{-4} cm}}{1 + 5 \times 10^3/cm \times 10^{-3} cm}\right)$$

$$= 1.598 \times 10^{-2} A/cm^2$$

假設 n- 型基片之摻雜濃度 $N_D = 10^{15}/cm^3$

$$p_{no} = \frac{n_i^2}{N_D} = \frac{(1.45 \times 10^{10}/cm^3)^2}{10^{15}/cm^3} = 2.1 \times 10^5/cm^3$$

$$J_{diff} = 1.6 \times 10^{-19} C \times 2.1 \times 10^5/cm^3 \times \frac{10 cm^2/s}{10^{-3} cm}$$

$$= 3.36 \times 10^{-10} A/cm^2$$

較前一項小很多，故 $J_{total} \approx J_{dr} = 1.598 \times 10^{-2} A/cm^2$

---

5. 考慮一個矽 p-n 結光敏二極體，在室溫狀況下，有下列參數：$N_A = 10^{15}/cm^3$，$N_D = 10^{16}/cm^3$，$D_n = 30 cm^2/sec$，$D_p = 10 cm^2/sec$，$\tau_n = 10^{-6} s$，$\tau_p = 10^{-7} s$，反向偏壓為 10V，過剩載子的產生速率 $G_L = 10^{21}/cm^3 \cdot s$。試計算光敏電流密度。

答：依題意，此 p-n 結光敏二極體為平均照光者。其總和光電流可以近似為耗盡層中激發之光電流與耗盡層兩側各一個擴散距離內所激發光電流之和。即

$$J_{total} = qG_L(W + L_n + L_p)$$

$$L_n = \sqrt{D_n\tau_n} = (30cm^2/s \times 10^{-6}s)^{\frac{1}{2}} = 5.47 \times 10^{-3}cm$$

$$L_p = \sqrt{D_p\tau_p} = (10cm^2/s \times 10^{-7}s)^{\frac{1}{2}} = 10^{-3}cm$$

$$W = [\frac{2\epsilon_s}{q}(\frac{N_A + N_D}{N_A N_D})(V_{bi} + V_R)]^{\frac{1}{2}}$$

$$V_{bi} = \frac{kT}{q} \ln \frac{N_A N_D}{n_i^2} = 0.0258V \times \ln \frac{10^{15} \times 10^{16}}{(1.45 \times 10^{10})^2} = 0.634V$$

$$W = [\frac{2 \times 11.9 \times 8.85 \times 10^{-14}F/cm}{1.6 \times 10^{-19}C}(\frac{10^{15} + 10^{16}}{10^{15} \times 10^{16}})\frac{cm^{-3}}{cm^{-6}}$$

$$\times (0.634 \times 10)V]^{1/2} = [1.316 \times 10^7 \times 1.1 \times 10^{-15} \times 10.634]^{1/2}cm$$

$$= 3.92 \times 10^{-4}cm$$

$$J_{total} = 1.6 \times 10^{-19}C \times 10^{21}/cm^3 \cdot s$$

$$\times (3.92 \times 10^{-4}cm + 5.47 \times 10^{-3}cm + 10^{-3}cm)$$

$$= 1.098A/cm^2$$

---

6. 在一個砷化鎵 p-n 結雷射中，p-n 結兩邊最低的摻雜濃度是多少？

答：p-n 結兩邊要至少摻雜到開始簡併的程度

故 $N_A > N_V = 7.0 \times 10^{18}/cm^3$

$N_D \geq N_C = 4.7 \times 10^{17}cm^3$

7. (a) 在半導體雷射中，試證兩個最鄰近的縱模雷射光，其波長的分離為 $\dfrac{\lambda^2}{2L}$，L 是雷射腔的長度。(b) 假設所發射出來的光，其能量等於半導體的能隙，L = 50μm，試求砷化鎵雷射光兩個相鄰縱模光波的差距。

答：(a) 因 $N\left(\dfrac{\lambda}{2}\right) = L$，$N \gg 1$

$$N = \frac{2L}{\lambda}$$

$$\Delta N = \frac{-2L}{\lambda^2}\Delta\lambda$$

在二個相鄰的 N，N − 1 之間，$\Delta N = 1$

$$\Delta\lambda = \frac{\lambda^2}{2L}$$

(b) 對於砷化鎵雷射 $E_g = 1.42\text{eV}$，$\lambda = \dfrac{1.24}{1.42}\mu m = 0.87\mu m$

$$\Delta\lambda = \frac{(0.87\mu m)^2}{2 \times 50\mu m} = 7.57 \times 10^{-3}\mu m$$

8. 如果要使一個砷化鎵半導體雷射的開啓電流密度 $J_{th} = 2000\text{A/cm}^2$，而相應的 $\alpha = 15\text{cm}^{-1}$，$\beta = 2\times10^{-2}\text{cm/A}$，試求所需要的雷射腔長度 L。

答：$J_{th} = \dfrac{1}{\beta}\left(\alpha + \dfrac{1}{2L}\ln\dfrac{1}{R_1 R_2}\right)$

$\alpha = 15\text{cm}^{-1}$

$$\beta = 2 \times 10^{-2} \text{cm/A}$$

$$J_{th} = 2000 \text{A/cm}^2$$

$$\therefore 2000 \text{A/cm}^2 = \frac{1}{2 \times 10^{-2} \text{cm/A}}(15 \text{cm}^{-1} + \frac{1}{2L} \ln \frac{1}{R_1 R_2})$$

$$40 \text{cm}^{-1} = 15 \text{cm}^{-1} + \frac{1}{2L} \ln \frac{1}{R_1 R_2}$$

$$\frac{1}{2L} \ln \frac{1}{R_1 R_2} = 25 \text{cm}^{-1}$$

對於砷化鎵，依（8.36）式　$n = \sqrt{\epsilon_r} = \sqrt{13.1} = 3.62$

$$R_1 = R_2 = \frac{(n-1)^2}{(n+1)^2} = \frac{(3.62-1)^2}{(3.62+1)^2} = 0.321$$

$$L = \frac{1}{2 \times 25 \text{cm}^{-1}} \ln \frac{1}{(0.321)^2} = 0.045 \text{cm}$$

---

9. 考慮一個矽 p-n 結太陽電池，其參數如下：$N_A = 10^{18}/\text{cm}^3$，$N_D = 10^{16}/\text{cm}^3$，$D_n = 25 \text{cm}^2/\text{s}$，$D_p = 10 \text{cm}^2/\text{s}$，$\tau_n = 5 \times 10^{-7} \text{s}$，$\tau_p = 10^{-7} \text{s}$，$T = 300K$，光電流密度 $J_L = 10 \text{mA/cm}^2$，試計算斷路電壓 V_{oc}。

答：$V_{oc} = \dfrac{kT}{q} \ln \left(\dfrac{I_L}{I_s} + 1 \right) = \dfrac{kT}{q} \ln \left(\dfrac{J_L}{J_s} + 1 \right)$

$$J_s = q \left(\frac{D_p p_{no}}{L_p} + \frac{D_n n_{po}}{L_n} \right) = q \left(\frac{D_p n_i^2}{L_p N_D} + \frac{D_n n_i^2}{L_n N_A} \right)$$

$$L_p = \sqrt{D_p \tau_p} = (10 \text{cm}^2/\text{s} \times 10^{-7} \text{s})^{1/2} = 10^{-3} \text{cm}$$

$$L_n = \sqrt{D_n\tau_n} = (25cm^2/s \times 5 \times 10^{-7}s)^{1/2} = 3.53 \times 10^{-3}cm$$

$$J_s = qn_i^2 \left(\frac{D_p}{L_pN_D} + \frac{D_n}{L_nN_A} \right)$$

$$= 1.6 \times 10^{-19}C \times (1.45 \times 10^{10}/cm^3)^2 \left(\frac{10cm^2/s}{10^{-3}cm \times 10^{16}/cm^3} \right.$$

$$\left. + \frac{25cm^2/s}{3.53 \times 10^{-3}cm \times 10^{18}/cm^3} \right)$$

$$= 33.64 \times (10^{-12} + 7.08 \times 10^{-15})A/cm^2 = 3.38 \times 10^{-11}A/cm^2$$

$$V_{oc} = \frac{kT}{q} \ln\left(\frac{J_L}{J_s} + 1 \right) = 0.0258V \times \ln\left(\frac{10 \times 10^{-3}}{3.38 \times 10^{-11}} + 1 \right) = 0.503V$$

---

⑩. 考慮一個砷化鎵太陽電池，有 n^+p 結構，其參數為 $T = 300K$，$N_D = 10^{19}/cm^3$，$D_n = 250cm^2/s$，$D_p = 10cm^2/s$，$\tau_n = 5 \times 10^{-8}s$，$\tau_p = 10^{-8}s$，產生的光電流密度為 $J_L = 20mA/cm^2$。如果需要的斷路電壓 $V_{oc} = 1V$，試求 N_A 需要是多少？

答：$V_{oc} = \frac{kT}{q} \ln\left(\frac{J_L}{J_s} + 1 \right)$

$$J_s = qn_i^2 \left(\frac{D_p}{L_pN_D} + \frac{D_n}{L_nN_A} \right) = qn_i^2 \left(\sqrt{\frac{D_p}{\tau_p}}\frac{1}{N_D} + \sqrt{\frac{D_n}{\tau_n}}\frac{1}{N_A} \right)$$

$$= 1.6 \times 10^{-19}C \times (1.79 \times 10^6/cm^3)^2$$

$$\times \left(\sqrt{\frac{10cm^2/s}{10^{-8}s}}\frac{1}{10^{19}/cm^3} + \sqrt{\frac{250cm^2/s}{5 \times 10^{-8}s}}\frac{1}{N_A} \right)$$

$$= 5.126 \times 10^{-7} \times \left(3.16 \times 10^{-15} + 7.07 \times 10^4 \frac{1}{N_A} \right) A/cm^2$$

$V_{oc} = 1V$

$$1 = 0.0258 \ln \left(\frac{J_L}{J_s} + 1 \right)$$

$$\frac{J_L}{J_s} = 6.809 \times 10^{16} \text{，} J_L = 20mA/cm^2$$

$$J_s = 3.937 \times 10^{-19} A/cm^2$$

$$= 5.126 \times 10^{-7} \times (3.16 \times 10^{-15} + 7.07 \times 10^4 \times \frac{1}{N_A}) A/cm^2$$

$$\therefore N_A = 1.24 \times 10^{17}/cm^3$$

---

11. 某非晶態材料在光量子能量 $h\nu = 2eV$ 時，其吸收係數 α $= 10^5 cm^{-1}$。如果需要達到吸收 80% 的光子，試求非晶態材料的厚度。

答：$\alpha = 10^5 cm^{-1}$

80% 吸收，即 20% 穿透

$$\phi(x) = \phi(0) \, e^{-\alpha x}$$

$$\frac{\phi(x)}{\phi(0)} = 20\% = e^{-10^5 cm^{-1} x}$$

$$x = 1.609 \times 10^{-5} cm = 0.16 \mu m$$

⑫ 某半導體光敏電導有下列參數：$\mu_n = 8500\text{cm}^2/\text{V} \cdot \text{s}$，$\mu_p = 400\text{cm}^2/\text{V} \cdot \text{s}$，$E_g = 1.42\text{eV}$，載子壽命 $\tau = 10^{-7}\text{s}$，所加的電壓等於 $5\,(E_g/q)$，如果需要光敏電導有 10^4 的增益，則 (a) 光敏電導的長度需要設計為多少？(b) 在這種情形下，光敏電導可以運作到多高的頻率？

答：(a) 增益 $\Gamma = \dfrac{\tau}{t_n}\left(1 + \dfrac{\mu_p}{\mu_n}\right)$

$$t_n = \frac{L}{\mu_n E} = \frac{L^2}{\mu_n V}$$

$$\Gamma = \frac{\tau}{L^2}(\mu_n + \mu_p)\,V$$

$$10^4 = \frac{10^{-7}\text{s}}{L^2}(8500\text{cm}^2/\text{V} \cdot \text{s} + 400\text{cm}^2/\text{V} \cdot \text{s}) \times 5 \times 1.42\text{V}$$

$$L = 7.95 \times 10^{-4}\text{cm}$$

(b) $t_n = \dfrac{L^2}{\mu_n V} = \dfrac{(7.95 \times 10^{-4}\text{cm})^2}{8500\text{cm}^2/\text{V} \cdot \text{s} \times 5 \times 1.42\text{V}} = 1.047 \times 10^{-11}\text{s}$

$$f = \frac{1}{t_n} = 9.55 \times 10^{10}\text{Hz}$$

第十五章　絕緣體的應用

1. 在一個離子性晶體中，假定離子的運動可以由離子跳躍通過分開離子之間的勢壘來描述。如果離子的電荷數量爲 q，離子之間的勢壘高度和寬度分別爲 ΔE 和 d，ν 爲在沒有電場時的跳躍次數。試證離子的遷移率 μ 可以寫爲

$$\mu = \frac{qd^2\nu}{kT}\,e^{-\Delta E/kT}$$

答：依《固態電子學》圖 7.1，勢壘高度爲 Q，加了電場 E 後，左右二邊勢壘高度分別變爲：

$$Q + \frac{qEd}{2}\ \text{和}\ Q - \frac{qEd}{2}$$

向左右跳躍的次數分別爲

$$\nu_0 \exp\left[-\frac{Q - \dfrac{qEd}{2}}{kT}\right] \tag{1}$$

及

$$\nu_0 \exp\left[-\frac{Q + \dfrac{qEd}{2}}{kT}\right] \tag{2}$$

把 (1)、(2) 二式相減，乘上每步跳躍的距離 d，就得到每單位時間沿電場方向平均移動的距離，即得到速度爲

$$v = 2\nu_0\,d\,e^{-Q/kT}\sinh\left(\frac{qEd}{2kT}\right)$$

假設　　$qEd \ll kT$

$$\sinh \frac{qEd}{2kT} \cong \frac{qEd}{2kT}$$

故　　　$v = 2\nu_0\, d e^{-Q/kT} \cdot \dfrac{qEd}{2kT} = \dfrac{q}{kT}(\nu_0\, d^2 e^{-Q/kT})\, E$

假設　　$v = \mu E$

　則　　$\mu = \dfrac{q}{kT}\nu_0\, d^2 e^{-Q/kT}$

此處　　$Q = \Delta E$

　故　　$\mu = \dfrac{q}{kT}\nu_0\, d^2 e^{-\Delta E/kT}$

---

2. 試導出在沒有碰撞的條件下空間電荷限制電流的柴爾德定律，$J = \dfrac{4\epsilon}{9}\left(\dfrac{2q}{m}\right)^{1/2}\dfrac{V^{3/2}}{d^2}$，其中 V 為所加之電壓，d 為電荷移動之距離，$\epsilon$ 為電荷在其中移動的介質之介電常數，q 為電荷，m 為帶電荷質點之質量。試證明上式可由泊松方程式 $\dfrac{d^2V(x)}{dx^2} = \dfrac{-\rho(x)}{\epsilon}$ 得出。注意 $J = \rho(x)v$，v 為電荷之速度。邊界條件為在 $x = 0$，$V(0) = 0$，$\dfrac{dV(0)}{dx} = 0$。

答：$\dfrac{d^2V(x)}{dx^2} = \dfrac{-\rho(x)}{\epsilon}$　　　　　　　　　　　　　(1)

$J = \rho(x)v$，對電子流 $J = -\rho(x)v$，因電子流的方向與電流方向相反

$$\rho(x) = \frac{-J}{v(x)} \tag{2}$$

邊界條件為 $x = 0$，$V(0) = 0$，$\dfrac{dV(0)}{dx} = 0$ $\qquad(3)$

由 $x = 0$ 到 x 之間，動能的改變 = 位能的改變，即

$$\frac{1}{2}mv^2(x) - \frac{1}{2}mv^2(0) = qV(x) - qV(0) \tag{4}$$

　　由 $v(0) = 0$，$V(0) = 0$

$$\frac{1}{2}mv^2(x) = qV(x)$$

$$v(x) = \left(\frac{2qV(x)}{m}\right)^{1/2} \tag{5}$$

代入 (1) 和 (2) 式，$\dfrac{d^2V(x)}{dx^2} = \dfrac{J}{\epsilon}\left(\dfrac{m}{2q}\right)^{1/2} V^{-\frac{1}{2}}(x)$ $\qquad(6)$

兩邊各乘以 $\left(\dfrac{dV}{dx}\right)dx$，再積分

$$\int \frac{dV}{dx}\left(\frac{d^2V(x)}{dx^2}\right)dx = \frac{J}{\epsilon}\left(\frac{m}{2q}\right)^{1/2} \int V^{-\frac{1}{2}}(x)dV(x) \tag{7}$$

由於　$\dfrac{dV}{dx}\left(\dfrac{d^2V(x)}{dx^2}\right) = \left[\dfrac{1}{2}\left(\dfrac{dV(x)}{dx}\right)^2\right]'$，$'$ 代表微分

$$\therefore \quad \frac{1}{2}\left[\frac{dV(x)}{dx}\right]^2 = \frac{J}{\epsilon}\left(\frac{m}{2q}\right)^{1/2} \times 2V^{\frac{1}{2}}(x) + C_1 \tag{8}$$

因 $x = 0$，$V(0) = 0$，$\dfrac{dV(0)}{dx} = 0$　$\therefore C_1 = 0$

$$\left[\frac{dV(x)}{dx}\right]^2 = \frac{4J}{\epsilon}\left(\frac{m}{2q}\right)^{1/2} V^{\frac{1}{2}}(x) \tag{9}$$

$$\frac{dV(x)}{dx} = 2\left[\frac{J}{\epsilon}\left(\frac{m}{2q}\right)^{1/2}\right]^{1/2} V^{\frac{1}{4}}(x) \tag{10}$$

$$\int \frac{dV(x)}{V^{1/4}(x)} = 2\int \left[\frac{J}{\epsilon}\left(\frac{m}{2q}\right)^{1/2} \right]^{1/2} dx$$

$$\frac{4}{3}V^{\frac{3}{4}}(x) = 2\left[\frac{J}{\epsilon}\left(\frac{m}{2q}\right)^{1/2} \right]^{1/2} x + C_2 \qquad (11)$$

因 x = 0 時 V(0) = 0，故 $C_2 = 0$

$$V^{\frac{3}{4}}(x) = \frac{3}{2}\left[\frac{J}{\epsilon}\left(\frac{m}{2q}\right)^{1/2} \right]^{1/2} x \qquad (12)$$

令在 x = d 時，V(x) = V，$V^{\frac{3}{4}}(x) = \frac{3}{2}\left[\frac{J}{\epsilon}\left(\frac{m}{2q}\right)^{1/2} \right]^{1/2} \cdot d$

故　$J = \frac{4\epsilon}{9}\left(\frac{2q}{m}\right)^{1/2} \cdot \frac{V^{3/2}}{d^2}$　得證

---

3. 在一個電介質固體中，空間電荷限制的電流有下列的形式 $J = \frac{9}{8}\mu\epsilon\frac{V^2}{d^3}$。某介質材料厚度為 2 微米，其遷移率 $\mu = 3\times10^{-4}\text{m}^2/\text{V}\cdot\text{s}$，其相對介電常數 $\epsilon_r = 3$。如果加上 10V 的電壓，試求其空間電荷限制的電流密度。

答：$J = \frac{9}{8}\mu\epsilon\frac{V^2}{d^3}$

$= \frac{9}{8} \times 3\times10^{-4}\text{m}^2/\text{V}\cdot\text{s} \times 3\times 8.85\times10^{-12}\text{F/m} \times \frac{(10\text{V})^2}{(2\times10^{-6}\text{m})^3}$

$= 1.12\times10^5\text{A/m}^2$

4. 如果分別加上一個 10^4、10^5 和 10^6V/m 的電場，試求在蕭基效應中，位能最大處的位置，設陰極表面的位置為零。

答：$x_m = \sqrt{\dfrac{e}{16\pi \epsilon E}}$

$E = 10^4$V/m，

$$x_m = \left(\frac{1.6\times10^{-19}C}{16\pi\times8.85\times10^{-12}F/m\times10^4V/m}\right)^{1/2}$$
$$= 1.896\times10^{-7}m = 1896\text{Å}$$

$E = 10^5$V/m，

$$x_m = \left(\frac{1.6\times10^{-19}C}{16\pi\times8.85\times10^{-12}F/m\times10^5V/m}\right)^{1/2}$$
$$= 5.99\times10^{-8}m = 599\text{Å}$$

$E = 10^6$V/m，

$$x_m = \left(\frac{1.6\times10^{-19}C}{16\pi\times8.85\times10^{-12}F/m\times10^6V/m}\right)^{1/2}$$
$$= 1.896\times10^{-8}m = 189.6\text{Å}$$

5. 對一個鎢陰極，如果需要使場發射的勢壘寬度成為 200Å，所加的電場強度需要是多少？鎢的功函數是 4.52eV。

答：由《固態電子學》（15.68）式可知，如果在像力影響的範圍

之外，位能 E(x) 隨 x 之斜率為 −Ee，故勢壘寬度 t 與勢壘高度 Φ 之關係為：

$$t = \frac{\Phi}{eE}，E 為電場強度$$

$$200 \times 10^{-10} m = \frac{4.52 eV}{eE}$$

$$E = \frac{4.52 V}{2 \times 10^{-8} m} = 2.26 \times 10^{8} V/m$$

---

6. 計算由鉑和銀兩種不同金屬所發出來的熱發射電流密度的差異。如果鉑的功函數是 5.32eV，銀的功函數是 4.08eV，試求在室溫時和在 1000K 時，兩者熱發射電流相差的倍數。

答：依《固態電子學》（15.82）式，忽略像力影響

$$J = A^*(1 - r)T^2 e^{-q\varphi/kT} \cong A^*T^2 e^{-q\varphi/kT}$$

(a) 300K

對銀　$J_1 = A^*T^2 e^{-q\phi_1/kT}$

對鉑　$J_2 = A^*T^2 e^{-q\phi_2/kT}$

$$\frac{J_1}{J_2} = e^{-q(\phi_1 - \phi_2)/kT} = e^{q(\phi_2 - \phi_1)/kT} = e^{(5.32 - 4.08)/8.62 \times 10^{-5} \times 300}$$

$$= 7.46 \times 10^{20}$$

(b) 1000K

$$\frac{J_1}{J_2} = e^{(5.32 - 4.08)/8.62 \times 10^{-5} \times 1000} = 1.76 \times 10^{6}$$

> **7.** 試簡單導出在由電子碰撞主導條件下的空間電荷限制電流關係式，莫特—郭尼公式 $J = \dfrac{9}{8}\mu\epsilon\dfrac{V^2}{d^3}$。由 $\dfrac{dE(x)}{dx} = \dfrac{\rho}{\epsilon}$ 和 $J = \mu\rho(x)E(x)$ 開始。

答： $\dfrac{dE(x)}{dx} = \dfrac{\rho(x)}{\epsilon}$ 　　　(1)

$J = \mu\rho(x)E(x)$ 　　(2) 　　　 $E(x) = \dfrac{J}{\mu\rho(x)}$

以 $E(x)$ 乘 (1) 式

$$E(x)\frac{dE(x)}{dx} = \frac{\rho(x)}{\epsilon}E(x) = \frac{\rho(x)}{\epsilon}\cdot\frac{J}{\mu\rho(x)} = \frac{J}{\mu\epsilon}$$

$$\int E(x)dE(x) = \int \frac{J}{\mu\epsilon}dx$$

$$\frac{E^2(x)}{2} = \frac{J}{\mu\epsilon}(x + x_0)$$

如令 $x = 0$ 時，$E(x) = 0$，則 $x_0 = 0$

$$E(x) = \left(\frac{2J}{\mu\epsilon}x\right)^{1/2}$$

再積分　$\displaystyle\int_0^d E(x)dx = \int_0^d \left(\frac{2J}{\mu\epsilon}\right)^{1/2}x^{1/2}dx = \frac{2}{3}\left(\frac{2J}{\mu\epsilon}\right)^{1/2}d^{3/2}$

$$\int_0^d E(x)dx = -\int_0^d \frac{dV(x)}{dx}dx = V(0) - V(d) = V$$

$$\therefore\quad V = \frac{2}{3}\left(\frac{2J}{\mu\epsilon}\right)^{1/2}d^{3/2}$$

$$J = \frac{9}{4}\cdot\frac{\mu\epsilon}{2}\cdot\frac{V^2}{d^3} = \frac{9}{8}\mu\epsilon\frac{V^2}{d^3}$$

8. 對於一個離子性晶體，如果遷移率 $\mu = 10cm^2/V \cdot s$，$\epsilon_r = 3$，晶體長度 $d = 0.02cm$，所加電壓 $10V$，其離子性電流密度爲多少？

答：$J = \dfrac{9}{8} \times 10cm^2/V \cdot s \times 3 \times 8.85 \times 10^{-14}F/cm \times \dfrac{(10V)^2}{(0.02cm)^3}$

$= 3.73 \times 10^{-5}A/cm^2 = 0.373A/m^2$

9. 對於一個鋁 $-SiO_2-$ 鋁的金屬 $-$ 絕緣體 $-$ 金屬（MIM）電容器，試計算 SiO_2 厚度爲 $200Å$、$100Å$，及 $50Å$ 時，傅勒 $-$ 諾德翰穿隧電流密度的大小。取 $\Phi = q\phi_B = 3.2eV$，所加電壓爲 $10V$。

答：依《固態電子學》（15.54）式可簡化爲

$$J = \frac{2.2e^3E^2}{8\pi h\Phi} \exp\left\{-\frac{4(2m)^{1/2}}{3\hbar eE}\Phi^{3/2}\right\}$$

(a) 對於 $200Å$ 二氧化矽膜

$$E = \frac{10V}{200 \times 10^{-10}m} = 5 \times 10^8 V/m$$

前式之係數爲

$$\frac{2.2e^3E^2}{8\pi h\Phi} = \frac{2.2 \times (1.6 \times 10^{-19}C)^3 \times (5 \times 10^8 V/m)^2}{8\pi \times 6.626 \times 10^{-34}J \cdot s \times 3.2 \times 1.6 \times 10^{-19}J}$$

$$= 2.64 \times 10^{11} A/m^2$$

單位爲 $\dfrac{C^3 \times V^2/m^2}{J \cdot s \cdot J} = \dfrac{C}{s \cdot m^2} = A/m^2$

指數項

$$\frac{4(2m)^{1/2}}{3\hbar eE}\Phi^{3/2}$$

$$=\frac{4\times(2\times9.1\times10^{-31}kg)^{1/2}\times(3.2\times1.6\times10^{-19}J)^{3/2}}{3\times1.054\times10^{-34}J\cdot s\times1.6\times10^{-19}C\times5\times10^{8}V/m}=78.15$$

單位為　$\dfrac{kg^{2}\cdot J^{3/2}}{J\cdot s\cdot C\cdot V/m}=\dfrac{kg^{1/2}\cdot J^{3/2}\cdot m}{J^{2}\cdot s}$

$$=\frac{kg^{1/2}\cdot m}{J^{1/2}\cdot s}=\text{無單位}$$

故電流密度為

$$J = 2.64\times10^{11}A/m^{2}\times e^{-78.15} = 3.03\times10^{-23}A/m^{2}$$

(b) 對於 100Å 二氧化矽膜

$$E=\frac{10V}{100\times10^{-10}m}=10^{9}V/m$$

係數項　$2.64\times10^{11}A/m^{2}\times\left(\dfrac{10^{9}}{5\times10^{8}}\right)^{2}=1.05\times10^{12}A/m^{2}$

指數項為　$78.15\times\left(\dfrac{5\times10^{8}}{10^{9}}\right)=39.07$

故電流密度　$J = 1.05\times10^{12}A/m^{2}\times e^{-39.07}$

$$= 1.13\times10^{-5}A/m^{2}$$

(c) 對於 50Å 二氧化矽膜

$$E=\frac{10V}{50\times10^{-10}m}=2\times10^{9}V/m$$

係數項為

$$2.64\times10^{11}A/m^{2}\times\left(\frac{2\times10^{9}}{5\times10^{8}}\right)^{2}=4.22\times10^{12}A/m^{2}$$

指數項為 $78.15 \times \left(\dfrac{5 \times 10^8}{2 \times 10^9}\right) = 19.53$

故電流密度 $J = 4.22 \times 10^{12} \mathrm{A/m^2} \times e^{-19.53}$

$$= 1.39 \times 10^4 \mathrm{A/m^2}$$

---

10. 對於蕭基發射和普爾－法蘭克效應的電流密度，如果分別用 $\ln J$ 對 $\sqrt{E}$ 作圖，其中的電介質為 SiO_2，溫度為 300K，則其斜率分別應為多少？

答：(a) 對於蕭基發射，依《固態電子學》（15.82），q 即為電子電荷 e，故其斜率為

$$\frac{q\left(\dfrac{q}{4\pi\epsilon}\right)^{1/2}}{kT} = \frac{1}{0.0258\mathrm{V}}\left(\frac{1.6 \times 10^{-19}\mathrm{C}}{4\pi \times 3.9 \times 8.85 \times 10^{-12}\mathrm{F/m}}\right)^{1/2}$$

$$= 7.44 \times 10^{-4}\left(\frac{\mathrm{m}}{\mathrm{V}}\right)^{1/2}$$

(b) 對於普爾－法蘭克效應，其斜率為

$\dfrac{q}{kT}\left(\dfrac{q}{\pi\epsilon}\right)^{1/2}$，故為上式（15.82）式中斜率的 2 倍，即為

$1.488 \times 10^{-3}\left(\dfrac{\mathrm{m}}{\mathrm{V}}\right)^{1/2}$

---

11. 在雜質電導中，若一材料有雜質濃度 $N_A = 10^{14}/\mathrm{cm^3}$，若材料的相對介電常數 $\epsilon_r = 7.5$，試求 $N_D = 10^{15}/\mathrm{cm^3}$ 和 $N_D = 10^{17}/\mathrm{cm^3}$ 等兩種情況下的 E_1 能量值，和在作 $\ln \rho$ 對 $\dfrac{1}{T}$ 作圖時的斜率比例。

答： $E_1 = \left(\dfrac{e^2}{\epsilon}\right)\left(\dfrac{4\pi N_D}{3}\right)^{1/3}(1 - 1.35R^{1/3})$ ， $N_A = 10^{14}/cm^3$ ， $\epsilon_r = 7.5$

(a) $N_D = 10^{15}cm^3$ ，則 $R = \dfrac{N_A}{N_D} = \dfrac{10^{14}}{10^{15}} = \dfrac{1}{10}$

$E_1 = \left(\dfrac{(1.6 \times 10^{-19}C)^2}{7.5 \times 8.85 \times 10^{-14}F/cm}\right)\left(\dfrac{4\pi \times 10^{15}/cm^3}{3}\right)^{1/3}$

$\times \left(1 - 1.35 \times \left(\dfrac{1}{10}\right)^{1/3}\right)$

$= 3.857 \times 10^{-26} \times 1.612 \times 10^5 \times 0.3733J$

$= 2.32 \times 10^{-21}J = 0.0145eV$

(b) $N_D = 10^{17}cm^3$ ，則 $R = \dfrac{N_A}{N_D} = \dfrac{10^{14}}{10^{17}} = \dfrac{1}{10^3}$

$E_1' = \left(\dfrac{(1.6 \times 10^{-19}C)^2}{7.5 \times 8.85 \times 10^{-14}F/cm}\right)\left(\dfrac{4\pi \times 10^{17}/cm^3}{3}\right)^{1/3}$

$\times \left(1 - 1.35 \times \left(\dfrac{1}{10^3}\right)^{1/3}\right)$

$= 3.857 \times 10^{-26} \times 7.482 \times 10^5 \times 0.865$

$= 2.496 \times 10^{-20}J = 0.156eV$

(c) $\ln \rho$ 對 $\dfrac{1}{T}$ 作圖時的斜率為 $\dfrac{E_1}{k}$

∴二者之斜率之比 $\dfrac{E_1'/k}{E_1/k} = \dfrac{E_1'}{E_1} = \dfrac{0.156}{0.0145} = 10.76$

---

12. 當半導體或絕緣體中的雜質濃度高到某一個程度以上時，電阻率就會進入高雜質濃度狀況。如果某雜質原子的波爾原子半徑為1Å，試計算這種轉換的雜質原子密度。

答：依《固態電子學》（15.94）式

$$\frac{\left(\frac{3}{4\pi N'}\right)^{1/3}}{a_0} = 3$$

$$\left(\frac{3}{4\pi N'}\right) = (3a_0)^3$$

$$N' = \frac{3}{4\pi}\frac{1}{(3a_0)^3} = \frac{3}{4\pi}\times\frac{1}{(3\times 10^{-10}m)^3} = 8.84\times 10^{27}/m^3$$

---

13. 在本徵式介電崩潰的方程式中，$A(E，T，\alpha)$ 為電子從外加電場每單位體積每單位時間所得到的能量。A 可以寫為 $A = \frac{q^2 E^2 \tau}{m^*}$，如果 $E = 10^6 V/cm$，$\tau = 10^{-10}s$，$m^* = m_0$，則 A 的值為多少？

答：$A = \frac{q^2 E^2 \tau}{m^*}$

$$10^6 V/cm = 10^8 V/m$$

$$A = \frac{(1.6\times 10^{-19}C)^2\times(10^8 V/m)^2\times 10^{-10}s}{9.1\times 10^{-31}kg}$$

$$= 2.813\times 10^{-2}J/s$$

單位之轉化　$\dfrac{C^2\cdot\dfrac{V^2}{m^2}\cdot s}{kg} = \dfrac{J^2\cdot s}{m^2\cdot kg} = \dfrac{J^2\cdot kg\cdot\dfrac{m^2}{s^2}\cdot s}{m^2\cdot kg} = J/s$

---

14. 試計算為何電子碰撞要達到 40 次才會發生崩潰。

答：因為至少要有 $10^{12}/cm^3$ 個電子才能擾亂晶格

故　$2^n = 10^{12}$

$$n = \frac{\ln 10^{12}}{\ln 2} = \frac{12 \ln 10}{\ln 2} = \frac{12 \times 2.302}{0.693} = 39.85 \cong 40 \text{ 次}$$

---

15. 對於鈦酸鋇材料，假定 $\epsilon_r = 1000$，$N_D = 10^{17}/cm^3$，試求在海旺模型中，晶粒靜電勢壘層在表面電荷密度 $n_s = 10^{12}/cm^2$ 和 $n_s = 10^{13}/cm^3$ 兩種情形下，勢壘的高度。

答：依《固態電子學》（15.113）式

$$q\phi_B = \frac{e^2 n_s^2}{2\epsilon N_D}$$

(a) $n_s = 10^{12}/cm^2$

$$q\phi_B = \frac{(1.6 \times 10^{-19}C)^2 \times (10^{12}/cm^2)^2}{2 \times 1000 \times 8.85 \times 10^{-14}F/cm \times 10^{17}/cm^3}$$

$$= 1.446 \times 10^{-21}J = 9.03 \times 10^{-3}eV$$

單位之轉化　$\dfrac{C^2 \times cm^{-4}}{\dfrac{F}{cm} \times \dfrac{1}{cm^3}} = \dfrac{C^2}{F} = \dfrac{C \cdot F \cdot V}{F} = J$

(b) $n_s = 10^{13}/cm^2$

$$q\phi_B = \frac{(1.6 \times 10^{-19}C)^2 \times (10^{13}/cm^2)^2}{2 \times 1000 \times 8.85 \times 10^{-14}F/cm \times 10^{17}/cm^3}$$

$$= 1.446 \times 10^{-19}J = 0.903eV$$

16. 對於一個作為熱敏元件的介質，在居里溫度以下的 300K，$\epsilon_r = 500$。在 500K，ϵ_r 降低變成 $\epsilon_r = 10$。如果晶粒表面電荷密度 $n_s = 10^{12}/cm^2$，$N_D = 10^{17}/cm^3$，試求在 (a) 300K 和 (b) 500K 時，晶粒界的勢壘高度和 (c) 電阻率比例 $\dfrac{\rho(500K)}{\rho(300K)}$ 的值。

答：(a) $q\phi_B(300K) = \dfrac{e^2 n_s^2}{2\epsilon N_D}$

$$= \frac{(1.6 \times 10^{-19} C)^2 \times (10^{12}/cm^2)^2}{2 \times 500 \times 8.85 \times 10^{-14} F/cm \times 10^{17}/cm^3} = 0.018 eV$$

(b) $q\phi_B(500K) = \dfrac{e^2 n_s^2}{2\epsilon N_D}$

$$= \frac{(1.6 \times 10^{-19} C)^2 \times (10^{12}/cm^2)^2}{2 \times 10 \times 8.85 \times 10^{-14} F/cm \times 10^{17}/cm^3} = 0.903 eV$$

(c) 依（15.115）式　$\rho \cong \rho_0 \exp\left(\dfrac{q\phi_B}{kT}\right)$

故電阻率之比為

$$\frac{\rho(500K)}{\rho(300K)} = \frac{e^{0.903/kT_2}}{e^{0.018/kT_1}} = \frac{e^{\frac{0.903eV}{8.62 \times 10^{-5}eV/K \times 500K}}}{e^{\frac{0.018eV}{8.62 \times 10^{-5}eV/K \times 300K}}} = \frac{e^{20.95}}{e^{0.696}}$$

$$= \frac{1.25 \times 10^9}{2.005} = 6.25 \times 10^8$$

第十六章 超導體及其應用

> **1.** 某超導體的超導電子濃度 $n_s = 10^{28}/m^3$，試求其倫敦深入深度為多少？

答：$\lambda = \left(\dfrac{m}{\mu_0 n_s e^2}\right)^{1/2}$

$\lambda = \left(\dfrac{9.1 \times 10^{-31}kg}{4\pi \times 10^{-7}H/m \times 10^{28}/m^3 \times (1.6 \times 10^{-19}C)^2}\right)^{1/2}$

$= 5.318 \times 10^{-8}m = 53.18nm$

單位之轉化　$\left(\dfrac{kg}{\dfrac{H}{m} \cdot \dfrac{1}{m^3} \times C^2}\right)^{1/2} = \dfrac{m^2}{C}\left(\dfrac{kg}{H}\right)^{1/2}$

$= \dfrac{m^2}{C}\left(\dfrac{kg}{kg \cdot m^2/A^2 \cdot s^2}\right)^{1/2} = \dfrac{m^2}{C} \times \dfrac{A \cdot s}{m} = m$

> **2.** 某超導體的能隙 $E_g = 10^{-4}eV$，其費米速度 $v_F = 10^5 m/s$，試求其相干長度為多少？

答：$\xi = \dfrac{2\hbar v_F}{\pi E_g}$

$\xi = \dfrac{2 \times 1.054 \times 10^{-34}J \cdot s \times 10^5 m/s}{\pi \times 10^{-4} \times 1.6 \times 10^{-19}J} = 4.193 \times 10^{-7}m = 419.3nm$

---

3. 一個磁通量單元大小數量等於多少？是什麼單位？

答：$\dfrac{h}{2e} = \dfrac{6.626 \times 10^{-34} \text{J} \cdot \text{s}}{2 \times 1.6 \times 10^{-19} \text{C}} = 2.068 \times 10^{-15} \text{V} \cdot \text{s} = 2.068 \times 10^{-15} \text{Weber}$

---

4. 鋁的超導臨界溫度 $T_c = 1.14\text{K}$，德拜溫度 $\theta_D = 428\text{K}$，電子密度 $n = 1.8 \times 10^{23}/\text{cm}^3$，費米能量 $E_F = 11.63\text{eV}$，試求電子與晶格作用的位能 U，其值為多少？

答：依《固態電子學》（16.16a）式

$$T_c = 1.14\theta \exp\left(\frac{-1}{UD(E_F)}\right)$$

對於鋁，$T_c = 1.14\text{K}$，$\theta = 428\text{K}$，

$n = 1.8 \times 10^{23}/\text{cm}^3 = 1.8 \times 10^{29}/\text{m}^3$，

$E_F = 11.63\text{eV} = 1.86 \times 10^{-18}\text{J}$

$D(E_F) = \dfrac{3n}{2E_F} = \dfrac{3 \times 1.8 \times 10^{29}/\text{m}^3}{2 \times 1.86 \times 10^{-18}\text{J}} = 1.45 \times 10^{47}/\text{m}^3 \cdot \text{J}$

$\therefore 1.14\text{K} = 1.14 \times 428\text{K} \times \exp\left[\dfrac{-1}{U \times 1.45 \times 10^{47}/\text{m}^3 \cdot \text{J}}\right]$

$-6.059 = \dfrac{-1}{U \times 1.45 \times 10^{47}/\text{m}^3 \cdot \text{J}}$

$U = 1.138 \times 10^{-48}\text{J} \cdot \text{m}^3$

5. 鋅（Zn）的電子密度是 $1.31\times10^{29}/m^3$，其超導臨界溫度 $T_c = 0.875K$，德拜溫度 $\theta_D = 327K$。如果用自由電子理論來估計，鋅的 $UD(E_F)$ 乘積是多少？

答：$T_c = 0.875K$，$\theta_D = 327K$

$$0.875K = 1.14\times327K\times\exp\left[\frac{-1}{UD(E_F)}\right]$$

$$UD(E_F) = 0.165$$

6. 鋁的超導臨界溫度 $T_c = 1.14K$，試求一個正常金屬和鋁超導體的穿隧電流，在什麼電壓才會有比較顯著的上升？

答：$V = \dfrac{\Delta}{e}$

對於鋁，$T_c = 1.14K$，$E_g(0) = 2\Delta(0) = 3.5kT_c$

$$\Delta(0) = \frac{3.5}{2}kT_c = \frac{3.5}{2}\times8.62\times10^{-5}eV/K\times1.14K = 1.72\times10^{-4}eV$$

$$V = \frac{\Delta}{e} = 1.72\times10^{-4}V$$

7. 對於一個鋁－SiO_2－鋁的約瑟遜穿隧結構，如果能障的高度是 3.2eV，二氧化矽絕緣層的厚度為 40Å，鋁

的電子密度爲 $1.8 \times 10^{29}/m^3$。試求在零偏壓下最大的超導電子對電流。

答：依《固態電子學》（16.38）和（16.39）式

$$J_0 = \frac{4e\hbar\alpha}{m} \times \frac{n_s}{(e^{2\alpha a} - e^{-2\alpha a})}$$

$$U_0 = 3.2eV$$

$$\alpha = \sqrt{\frac{2mU_0}{\hbar^2}} = \frac{1}{\hbar}(2mU_0)^{1/2}$$

$$= \frac{(2 \times 9.1 \times 10^{-31}kg \times 3.2 \times 1.6 \times 10^{-19}J)^{1/2}}{1.054 \times 10^{-34}J \cdot s} = 9.158 \times 10^9/m$$

單位之轉化　$\dfrac{(kg \cdot J)^{1/2}}{J \cdot s} = \dfrac{kg^{1/2}}{J^{1/2} \cdot s} = \dfrac{kg^{1/2}}{kg^{1/2} \cdot \dfrac{m}{s} \cdot s} = \dfrac{1}{m}$

$$2a = 40Å$$

$$2\alpha a = 9.158 \times 10^9/m \times 40 \times 10^{-10}m = 36.6$$

$$J_0 = \frac{4 \times 1.6 \times 10^{-19}C \times 1.054 \times 10^{-34}J \cdot s \times 9.158 \times 10^9/m \times 1.8 \times 10^{29}/m^3}{9.1 \times 10^{-31}kg \times (e^{36.6} - e^{-36.6})}$$

$$= 15.55A/m^2$$

單位之轉化　$\dfrac{C \times J \cdot s \times m^{-1} \times m^{-3}}{kg} = \dfrac{Coul \cdot J \cdot s}{kg \cdot m^4}$

$$= \frac{Coul \cdot kg \cdot \dfrac{m^2}{s^2} \cdot s}{kg \cdot m^4} = \frac{A}{m^2}$$

8. 利用超導量子干涉元件（SQUID），其面積為 $10\mu m\times$ $10\mu m$，則能夠偵測的最小磁場是多少？

答： $\Phi=\dfrac{nh}{2e}$

故 $\Delta\Phi=\dfrac{h}{2e}=\dfrac{6.626\times10^{-34}J\cdot s}{2\times1.6\times10^{-19}C}$

$=2.07\times10^{-15}\dfrac{J\cdot s}{C}=2.07\times10^{-15}tesla\cdot m^2$

單位之轉化 $\dfrac{J\cdot s}{C}=\dfrac{kg\cdot\dfrac{m^2}{s^2}\cdot s}{C}=\dfrac{kg\cdot m^2}{s\cdot C}$

$=\dfrac{kg\cdot m^2}{\dfrac{C}{s}\cdot s^2}=\dfrac{kg\cdot m^2}{s^2\cdot A}=tesla\cdot m^2$

$\Delta\Phi=flux=B\cdot A$

$A=10\mu m\times10\mu m=(10\times10^{-6}m)^2=10^{-10}m^2$

$B=\dfrac{2.07\times10^{-15}tesla\cdot m^2}{10^{-10}m^2}=2.07\times10^{-5}tesla=0.207gauss$

9. 一個約瑟夫遜結，其面積為 $5\times10^{-6}m^2$，由兩個相同的超導體所構成，其電子密度為 $1.3\times10^{29}/m^3$。隔開這兩個超導體的絕緣層其電阻率為 $20\Omega\text{-}m$，其位能的勢壘高度是 $10^{-3}eV$，(a) 在未加電壓情況下，如果通過這個約瑟夫遜結的最大電流是 1.5mA，則絕緣層的厚度是多少？(b) 如果要得到 4mA 的電流，需要加上多大電壓？

> (c) 如果加上 3μV 的電壓，則交流超導電流的頻率為多少？

答：$A = 5 \times 10^{-6} m^2$，$n_s = 1.3 \times 10^{29}/m^3$

(a) $J_0 = \dfrac{4e\hbar\alpha}{m} \cdot \dfrac{n_s}{(e^{2\alpha a} - e^{-2\alpha a})}$

$$\alpha = \sqrt{\dfrac{2mU}{\hbar^2}} = \dfrac{(2 \times 9.1 \times 10^{-31}kg \times 10^{-3} \times 1.6 \times 10^{-19}J)^{1/2}}{1.054 \times 10^{-34}J \cdot s}$$

$$= 1.619 \times 10^8 m^{-1}$$

$$J_0 = \dfrac{1.5 \times 10^{-3}A}{5 \times 10^{-6}m^2} = 300 A/m^2$$

$$= \dfrac{4 \times 1.6 \times 10^{-19}C \times 1.054 \times 10^{-34}J \cdot s \times 1.619 \times 10^8 m^{-1} \times 1.3 \times 10^{29}/m^3}{9.1 \times 10^{-31}kg \times (e^{2\alpha a} - 2^{-2\alpha a})}$$

$$\therefore e^{2\alpha a} - e^{-2\alpha a} = 5.20 \times 10^{12}$$

令 $e^{2\alpha a} = x$ $x - \dfrac{1}{x} = 5.20 \times 10^{12}$

$$x^2 - 5.20 \times 10^{12}x - 1 = 0$$

$$x = \dfrac{5.20 \times 10^{12} \pm [(5.20 \times 10^{12})^2 + 4]^{1/2}}{2}，取正號$$

$$x \cong 5.20 \times 10^{12} = e^{2\alpha a}$$

$$2\alpha a = 29.28$$

$$2a = \dfrac{29.28}{1.619 \times 10^8 m^{-1}} = 1.808 \times 10^{-7}m = 180.8nm$$

(b) 電流密度超過 J_0，成為正常電子電流

$$J = \dfrac{4 \times 10^{-3}A}{5 \times 10^{-6}m^2} = \sigma E = \dfrac{V}{\rho \times 2a} = \dfrac{V}{20\Omega \cdot m \times 1.808 \times 10^{-7}m}$$

$$V = 2.89 \times 10^{-3} \text{Volt}$$

(c) $\omega = 2\pi\nu = \dfrac{2eV}{\hbar}$

$$\omega = \frac{2 \times 1.6 \times 10^{-19} \text{Coul} \times 3 \times 10^{-6} \text{Volt}}{1.054 \times 10^{-34} \text{J} \cdot \text{s}} = 9.108 \times 10^9/\text{s} = 2\pi\nu$$

$$\nu = 1.449 \times 10^9 \text{Hz}$$

第十七章 薄膜疊積技術

1. 在熱蒸鍍的操作中，如果蒸鍍源與基片的垂直距離 h = 20cm，從距離蒸鍍源最近之處再平移 4 公分，如果使用 (a) 點狀源材料和 (b) 面狀源材料，其蒸鍍的膜厚與垂直距離處的膜厚比例如何？

答：h = 20cm，x = 4cm

(a) 點狀源 $\dfrac{t}{t_0} = \dfrac{1}{\left[1+\left(\dfrac{x}{h}\right)^2\right]^{3/2}} = \dfrac{1}{\left[1+\left(\dfrac{4}{20}\right)^2\right]^{3/2}} = 94.3\%$

(b) 面狀源 $\dfrac{t}{t_0} = \dfrac{1}{\left[1+\left(\dfrac{x}{h}\right)^2\right]^{2}} = \dfrac{1}{\left[1+\left(\dfrac{4}{20}\right)^2\right]^{2}} = 92.4\%$

2. 在一個電子槍蒸鍍儀中，源材與基片之間的距離為 20cm，所加電壓為 100V，如果用真空中的柴爾德定律來估計，則電流密度為多少？

答：$J = \dfrac{4\epsilon}{9}\left(\dfrac{2q}{m}\right)^{1/2}\dfrac{V^{3/2}}{d^2}$

$d = 20\text{cm} = 0.2\text{m}$，$V = 100\text{Volts}$

$J = \dfrac{4\times 8.85\times 10^{-12}\text{F/m}}{9}\times\left(\dfrac{2\times 1.6\times 10^{-19}\text{C}}{9.1\times 10^{-31}\text{kg}}\right)^{1/2}\times\dfrac{(100\text{V})^{3/2}}{(0.2\text{m})^2}$

$$= 3.933 \times 10^{-12} \times 5.93 \times 10^{5} \times 2.5 \times 10^{3} \text{A/m}^2 = 5.83 \times 10^{-2} \text{A/m}^2$$

單位之轉化 $\dfrac{\text{F/m} \times \text{Coul}^{1/2} \times \text{V}^{3/2}}{\text{kg}^{1/2} \times \text{m}^2} = \dfrac{\text{F} \cdot \text{J}^{1/2} \cdot \text{V}}{\text{m}^3 \cdot \text{kg}^{1/2}}$

$$= \dfrac{\text{Coul} \cdot \text{kg}^{1/2} \cdot \dfrac{\text{m}}{\text{s}}}{\text{m}^3 \cdot \text{kg}^{1/2}} = \dfrac{\text{A}}{\text{m}^2}$$

---

3. 使用電子迴旋共振電漿濺鍍，如果射頻電場的頻率是 4.9×10^{9}Hz，則磁場的大小要多少才能達成共振？

答：$\omega = 2\pi f = \dfrac{eB}{m}$

$$2\pi \times 4.9 \times 10^{9}\text{Hz} = \dfrac{1.602 \times 10^{-19}\text{C} \times \text{B}}{9.1 \times 10^{-31}\text{kg}}$$

B = 0.1748Tesla = 1748Gauss

單位之轉化 $\dfrac{\text{Hz} \cdot \text{kg}}{\text{C}} = \dfrac{\text{kg}}{\text{C} \cdot \text{s}} = \text{Teala}$

---

4. 試計算用陰極濺鍍法濺鍍能量為 20eV 的金原子，和用熱蒸鍍法在 500℃蒸鍍的金原子，其原子的平均速度。

答：(a) 濺鍍，金原子量為 197，

金原子質量 m = $197 \times 1.66 \times 10^{-27}$kg = 3.27×10^{-25}kg

E = 20eV = $20 \times 1.6 \times 10^{-19}$J = $\dfrac{1}{2}$mv²

$$\frac{1}{2}mv^2 = \frac{1}{2} \times 3.27 \times 10^{-25}kg \times v^2$$

$$v = 4.424 \times 10^3 m/s$$

(b) 熱蒸鍍

$$\frac{1}{2}mv^2 = kT$$

$$= 1.38 \times 10^{-23}J/K \times 773K = 1.066 \times 10^{-20}J$$

$$v = \left(\frac{2 \times 1.066 \times 10^{-20}J}{3.27 \times 10^{-25}kg}\right)^{1/2} = 255.4m/s$$

---

5. 假設一個靶材原子在濺鍍過程中，與入射離子相碰撞後得到一個能量 E = 600eV，而靶材原子在靶表面的束縛能爲 E_s = 10eV。試求這個在濺鍍中得到能量的原子，平均在經過再幾次的碰撞後，其能量會降低到束縛能量？假設每次碰撞會使原能量減半。

答：如碰撞次數爲 N

則 $\dfrac{E}{E_s} = 2^N$

故　$N = \dfrac{\ln(E/E_s)}{\ln 2} = \dfrac{\ln\left(\dfrac{600}{10}\right)}{\ln 2} = \dfrac{4.094}{0.693} = 5.907$

---

6. 在用化學氣相沉積法疊積多晶矽的製程中，使用四氯化矽在 1150℃ 反應沉積多晶矽。如果氣相物質傳送係數 h_g

> $= 3.5\text{cm/s}$，在氣流中矽原子的濃度 $C_g = 5 \times 10^{16}/\text{cm}^3$，表面反應率 k_s 可以表示爲 $k_s = 10^7 \exp(-1.9\text{eV}/kT)\text{cm/s}$。如果假設多晶矽的原子密度接近於單晶矽的值，試求多晶矽薄膜的疊積速率 v_y。

答：依《固態電子學》（17.27）式，表面濃度 C_s 爲

$$C_s = \frac{C_g}{1 + \dfrac{k_s}{h_g}} = \frac{h_g C_g}{h_g + k_s}$$

在基片表面消耗的通量爲　$F = k_s C_s = \dfrac{k_s h_g C_g}{h_g + k_s}$

疊積速率 $v_y = \dfrac{dy}{dt} = \dfrac{F}{n} = \left(\dfrac{k_s h_g}{h_g + k_s}\right)\left(\dfrac{C_g}{n}\right)$

n 爲矽原子在單晶矽中的密度，矽的晶格常數爲 5.43Å

$$n = \frac{8}{(5.43 \times 10^{-8}\text{cm})^3} = 5 \times 10^{22}/\text{cm}^3$$

在 $1150\,^\circ\text{C} = 1423\text{K}$

$k_s = 10^7 \exp(-1.9\text{eV}/kT)$

$\quad = 10^7 \exp\left(\dfrac{-1.9\text{eV}}{8.62 \times 10^{-5}\,\text{eV/K} \times 1423\text{K}}\right) = 1.87\left(\dfrac{\text{cm}}{\text{s}}\right)$

$v_y = \left(\dfrac{1.87 \times 3.5}{1.87 + 3.5}\right)\dfrac{\text{cm}}{\text{s}} \times \dfrac{5 \times 10^{16}/\text{cm}^3}{5 \times 10^{22}/\text{cm}^3} = 1.218 \times 10^{-6}\text{cm/s}$

國家圖書館出版品預行編目資料

固態電子習題解析／李雅明著. －－初版.
－－臺北市：五南，2016.02
　面；　公分
ISBN 978-957-11-8496-8 (平裝)

1.電子工程　2.電子學　3.問題集

448.6022　　　　　　　　105000865

5DJ3
固態電子習題解析

作　　者 ― 李雅明（95.3）

發 行 人 ― 楊榮川

總 編 輯 ― 王翠華

主　　編 ― 王者香

責任編輯 ― 林亭君

封面設計 ― 小小設計有限公司

出 版 者 ― 五南圖書出版股份有限公司

地　　址：106台北市大安區和平東路二段339號4樓

電　　話：(02)2705-5066　　傳　真：(02)2706-6100

網　　址：http://www.wunan.com.tw

電子郵件：wunan@wunan.com.tw

劃撥帳號：01068953

戶　　名：五南圖書出版股份有限公司

法律顧問　林勝安律師事務所　林勝安律師

出版日期　2016年2月初版一刷

定　　價　新臺幣250元